Hilmar Heinemann
Heinz Krämer
Hellmut Zimmer
Rolf Martin

Kleine Formelsammlung PHYSIK

8., aktualisierte Auflage

HANSER

Bearbeiter:
Prof. Dr. rer. nat. Dr. h.c. Rolf Martin, Köngen

Autoren:
Dr. rer. nat. Hilmar Heinemann, Freital
Dr. rer. nat. Heinz Krämer, Dresden (†)
Prof. Dr. rer. nat. Hellmut Zimmer, Dresden (†)

MIX
Papier aus verantwortungsvollen Quellen
FSC® C014889
www.fsc.org

Bibliografische Information der Deutschen Nationalbibliothek:
Die Deutsche Nationalbibliothek verzeichnet diese Publikation in der Deutschen Nationalbibliografie; detaillierte bibliografische Daten sind im Internet über http://dnb.d-nb.de abrufbar.

Internet: www.hanser-fachbuch.de

Lektorat: Dipl.-Ing. Natalia Silakova-Herzberg
Herstellung: Frauke Schafft
Satz: Eberl & Kœsel Studio, Kempten
Titelbild: © Prof. Dr. Dr. Rolf Martin
Covergestaltung: Max Kostopoulos
Coverkonzept: Marc Müller-Bremer, www.rebranding.de, München
Druck und Binden: Friedrich Pustet GmbH & Co. KG, Regensburg
Printed in Germany

Print-ISBN 978-3-446-47868-8
E-Book-ISBN: 978-3-446-47874-9

Heinemann / Krämer / Zimmer / Martin

Kleine Formelsammlung PHYSIK

Vorwort

Die vorliegende „Kleine Formelsammlung“ enthält die wichtigsten Formeln ausgewählter Stoffgebiete der Physik, die beim Studium der Ingenieur- oder Naturwissenschaften an Hochschulen für Angewandte Wissenschaften und Universitäten sowie bei der Lösung physikalischer Probleme in der Praxis benötigt werden.

Diese Sammlung dient zum *Nachschlagen* bei Klausuren, zur *Unterstützung* beim Lösen physikalischer Übungsaufgaben im Grundstudium, zur *Auffrischung* von physikalischen Kenntnissen und zur *Erweiterung* des Überblicks bei der Prüfungsvorbereitung. Demzufolge ist sie vor allem für Studierende im Grundstudium mit Physik als Nebenfach sowie für Studierende des Lehramtes Physik gedacht.

Sie gibt aber auch Lehrern und Schülern der Abiturstufe einen Überblick über die grundlegenden Formeln in der Physik und Hilfe bei physikalischen Aufgabenstellungen.

Bei allen Formeln sind die auftretenden *Formelzeichen* erläutert und es werden Hinweise zur Verhütung von Missverständnissen gegeben. Dadurch dürfte diese „Kleine Formelsammlung Physik“ unmittelbar – ohne langes Lesen von Lehrbuchkapiteln – verständlich sein.

Bereits in der 7. Auflage wurde besonders darauf geachtet, dass die Formelzeichen der physikalischen Größen mit jenen des Buches „Physik in Aufgaben und Lösungen“ übereinstimmen. In der Elektrotechnik wurde die Wechselstromrechnung mit komplexen Zeigern aufgenommen; in der geometrischen Optik wurden konsequent die Vorzeichenregeln der DIN 1335 angewandt.

Köngen, im März 2023 *Rolf Martin*

Inhalt

Schwingungen und Wellen

Thermodynamik

Gaskinetik

Elektrizität und Magnetismus

Strahlenoptik

Wellenoptik

Foto- und Radiometrie

Struktur der Materie

Allgemeine Grundlagen

1 Physikalische Größen und Internationales Einheitensystem (SI)

Physikalische Größe

Eine physikalische Größe *G* wird durch ihren **Zahlenwert** $\{G\}$ und ihre **Maßeinheit** $[G]$ gekennzeichnet:

$$G = \{G\} \cdot [G]$$

Basisgrößen, Basiseinheiten

Dem SI liegen sieben Basiseinheiten zugrunde:

Basisgrößen	Basiseinheiten	Dimensionen
Länge l, r, x, etc.	Meter m	L
Masse m	Kilogramm kg	M
Zeit t	Sekunde s	T
Stromstärke I, i	Ampere A	I
Temperatur T	Kelvin K	Θ
Stoffmenge n, ν	Mol mol	N
Lichtstärke I_v	Candela cd	J

Definition der Basiseinheiten

Die **Sekunde:** 1 s ist die Dauer von 9 192 631 770 Perioden der Strahlung, die im ^{133}Cs-Isotop auftritt.

Das **Meter:** 1 m ist die Strecke, die Licht im Vakuum innerhalb des Bruchteils von 1/299 792 458 einer Sekunde zurücklegt.

Das **Kilogramm:** $1\ \text{kg} = \dfrac{h}{6{,}626\ 070\ 15 \cdot 10^{-34}}\ \text{s/m}^2$ ist verknüpft mit dem Wert der Planck'schen Konstante *h* sowie der Definition der Sekunde und des Meters.

Das **Ampere:** $1\ \text{A} = \dfrac{e}{1{,}602\ 176\ 634 \cdot 10^{-19}}\ \text{s}^{-1}$, ein Ampere entspricht dem Stromfluss von $6{,}241\,509\,074 \cdot 10^{18}$ Elementarladungen (Elektronen) pro Sekunde

Das **Kelvin:** $1\ \text{K} = \dfrac{1{,}380\ 649\ 10^{-23}}{\text{k}}\ \text{kg m}^2\ \text{s}^{-2}$, ein Kelvin entspricht einer Änderung der thermodynamischen Temperatur, die mit einer Änderung der thermischen Energie (kT, k: Boltzmann-Konstante) um $1{,}380\ 649\ 10^{-23}$ J einhergeht.

Das **Mol:** 1 mol ist die Stoffmenge eines Systems, das $6{,}022\,140\,76 \cdot 10^{23}$ spezifizierte Einzelteilchen enthält.

Die **Candela:** 1 cd ist die Lichtstärke einer Strahlquelle, die mit einer Frequenz von $540 \cdot 10^{12}$ Hz in eine bestimmte Raumrichtung emittiert und deren Strahlstärke 1/683 W/sr in dieser Richtung beträgt.

Hinweis zur Temperatureinheit:

Während die in Kelvin gemessene thermodynamische Temperatur nur positive Werte hat ($T > 0$), besitzt die weit verbreitete Celsius-Skala einen Nullpunkt bei schmelzendem Eis ($\vartheta = 0\ °\text{C}$) und einen zweiten Fixpunkt bei kochendem Wasser ($\vartheta = 100\ °\text{C}$). Es gilt der Zusammenhang für die beiden Systeme

$$\frac{T}{\text{K}} = 273{,}15 + \frac{\vartheta}{°\text{C}}$$

Die Skalenteilung beider Systeme ist gleich. Daher hat eine Temperaturdifferenz in beiden Systemen denselben Zahlenwert

$$\frac{\Delta T}{\text{K}} = \frac{\Delta \vartheta}{°\text{C}}$$

Abgeleitete Größen und Einheiten

Abgeleitete Größen stehen mit den Basisgrößen durch physikalische Gesetze (Gleichungen) in eindeutigem Zusammenhang. Einheiten abgeleiteter Größen entstehen aus den Basiseinheiten mithilfe der entsprechenden physikalischen Zusammenhänge.

Der Begriff **Maßeinheit** darf nicht verwechselt werden mit dem Begriff **Dimension.** Konventionell sind physikalische Größen in einem System von Dimensionen organisiert. Jede der sieben Basisgrößen des SI hat seine eigene Dimension. Die Symbole der Dimensionen sind in untenstehender Tabelle zusammengestellt. Die Dimension einer abgeleiteten Größe wird als Produkt von Potenzen der Dimensionen der Basisgrößen dargestellt. Beispielsweise ergibt sich für die Geschwindigkeit: dim $v = \mathrm{LT}^{-1}$ oder für die Kraft: dim $F = \mathrm{LMT}^{-2}$.

Die folgende Tabelle listet einige Beispiele abgeleiteter Größen samt ihren Maßeinheiten und Dimensionen auf:

Größe		SI-Einheit	Dimension
Kraft	F	$\mathrm{N = kg \cdot m \cdot s^{-2}}$	$\mathrm{MLT^{-2}}$
Arbeit	W	$\mathrm{J = N \cdot m = kg \cdot m^2 \cdot s^{-2}}$	$\mathrm{ML^2T^{-2}}$
Leistung	P	$\mathrm{W = J/s = kg \cdot m^2 \cdot s^{-3}}$	$\mathrm{ML^2T^{-3}}$
Druck	p	$\mathrm{Pa = N/m^2 = kg \cdot m^{-1} \cdot s^{-2}}$	$\mathrm{ML^{-1}T^{-2}}$
Frequenz	f	$\mathrm{Hz = s^{-1}}$	$\mathrm{T^{-1}}$
el. Spannung	U	$\mathrm{V = W/A = kg \cdot m^2 \cdot s^{-3} \cdot A^{-1}}$	$\mathrm{ML^2T^{-3}I^{-1}}$
el. Widerstand	R	$\mathrm{\Omega = V/A = kg \cdot m^2 \cdot s^{-3} \cdot A^{-2}}$	$\mathrm{ML^2T^{-3}I^{-2}}$
el. Leitwert	G	$\mathrm{S = A/V = kg^{-1} \cdot m^{-2} \cdot s^3 \cdot A^2}$	$\mathrm{M^{-1}L^{-2}T^3I^2}$
el. Ladung	Q	$\mathrm{C = A \cdot s}$	IT
el. Kapazität	C	$\mathrm{F = C/V = kg^{-1} \cdot m^{-2} \cdot s^4 \cdot A^2}$	$\mathrm{M^{-1}L^{-2}T^4I^2}$
magn. Fluss	Φ	$\mathrm{Wb = V \cdot s = kg \cdot m^2 \cdot s^{-2} \cdot A^{-1}}$	$\mathrm{ML^2T^{-2}I^{-1}}$
magn. Flussdichte	B	$\mathrm{T = Wb/m^2 = kg \cdot s^{-2} \cdot A^{-1}}$	$\mathrm{MT^{-2}I^{-1}}$
Induktivität	L	$\mathrm{H = Wb/A = kg \cdot m^2 \cdot s^{-2} \cdot A^{-2}}$	$\mathrm{ML^2T^{-2}I^{-2}}$
ebener Winkel	φ	$\mathrm{rad = m/m}$	$\mathrm{LL^{-1} = 1}$
Raumwinkel	Ω	$\mathrm{sr = m^2/m^2}$	$\mathrm{L^2L^{-2} = 1}$

Größe		SI-Einheit	Dimension
Aktivität	A	$Bq = s^{-1}$	T^{-1}
Energiedosis	D	$Gy = J/kg = m^2 \cdot s^{-2}$	L^2T^{-2}
Äquivalentdosis	H	$Sv = J/kg = m^2 \cdot s^{-2}$	L^2T^{-2}
Lichtstrom	Φ	$lm = cd \cdot sr$	JL^2L^{-2}
Beleuchtungsstärke	E	$lx = lm/m^2 = cd\ sr\ m^2$	JL^2L^{-4}
Brechkraft	D	$dpt = m^{-1}$	L^{-1}

Umrechnung von SI-fremden Einheiten	
Kraft, Druck, Arbeit (Energie), Leistung	
1 at = 1 kp/cm^2 = 98 066,5 Pa	technische Atmosphäre
1 atm = 101 325 Pa	physikalische Atmosphäre
1 bar = 10^5 Pa	
1 dyn = 1 g cm s^{-2} = 10^{-5} N	
1 erg = 1 dyn cm = 10^{-7} J	
1 kcal = 4,1868 kJ	Kilokalorie
1 kp = 9,806 65 N	Kilopond
1 mmHg = 1 Torr = 133,322 Pa	mm Quecksilbersäule
1 mmWs = 9,806 65 Pa	mm Wassersäule
1 PS = 75 kp m s^{-1} = 735,5 W	Pferdestärke
Längen, Geschwindigkeit	
1 Å = 10^{-10} m = 100 pm	Ångström
1 f = 10^{-15} m = 1 fm	Fermi
1 kn = 1 sm/h = 0,5144 m/s	Knoten
1 mile = 1609,344 m	Meile
1 sm = 1852 m	Seemeile
Winkel	
1° = (π/180) rad	Grad
1′ = (1/60)° = (π/10 800) rad	Winkelminute
1″ = (1/60)′ = (π/648 000) rad	Winkelsekunde
1 Gon = (π/200) rad	Gon, Neugrad

Umrechnung von SI-fremden Einheiten	
Viskosität	
1 P = 0,1 Pa s	Poise
1 St = 10^{-4} m²/s	Stokes
Elektromagnetismus	
1 G = 10^{-4} T	Gauß
1 Gb = (10/4π) A	Gilbert
1 Oe = (1000/4π) A/m	Oersted
1 Mx = 10^{-8} Wb	Maxwell
Photometrie	
1 sb = 10^{4} cd/m²	Stilb
1 Ph = 10^{4} lx	Phot
Radioaktivität	
1 R = 258 · 10^{-6} C/kg	Röntgen
1 Ci = 3,7 · 10^{10} Bq	Curie

Vorsätze für dezimale Teile und Vielfache der Einheiten

Faktor	Name	Zeichen	Faktor	Name	Zeichen
10^{1}	Deka	da	10^{-1}	Dezi	d
10^{2}	Hekto	h	10^{-2}	Zenti	c
10^{3}	Kilo	k	10^{-3}	Milli	m
10^{6}	Mega	M	10^{-6}	Mikro	µ
10^{9}	Giga	G	10^{-9}	Nano	n
10^{12}	Tera	T	10^{-12}	Piko	p
10^{15}	Peta	P	10^{-15}	Femto	f
10^{18}	Exa	E	10^{-18}	Atto	a
10^{21}	Zetta	Z	10^{-21}	Zepto	z
10^{24}	Yotta	Y	10^{-24}	Yokto	y

2 Physikalische Konstanten

Erdmasse	$m_E = 5{,}972 \cdot 10^{24}$ kg
Gravitationskonstante	$G = 6{,}674\,30 \cdot 10^{-11}\ m^3/(kg \cdot s^2)$
Mittlerer Erdradius	$r_E = 6370$ km
Mittlerer Erdbahnradius	$r_0 = AE = 149{,}6 \cdot 10^6$ km
Mittlerer Sterntag	$d^* = 86\,164$ s
Normfallbeschleunigung	$g_n = 9{,}806\,65\ m/s^2$
Sonnenmasse	$m_S = 1{,}989 \cdot 10^{30}$ kg
Atomare Masseneinheit	$u = 1{,}660\,539\,066\,60 \cdot 10^{-27}$ kg
Avogadro-Konstante	$N_A = 6{,}022\,140\,76 \cdot 10^{23}\ mol^{-1}$
Boltzmann-Konstante	$k = 1{,}380\,649 \cdot 10^{-23}$ J/K
Gaskonstante (molare)	$R_m = 8{,}314\,462\,618$ J/(mol K)
Elektrische Feldkonstante	$\varepsilon_0 = 8{,}854\,187\,8128 \cdot 10^{-12}$ A s/(V m)
Elementarladung	$e = 1{,}602\,176\,634 \cdot 10^{-19}$ C
Faraday-Konstante	$F = 96\,485{,}332\,12$ C/mol
Lichtgeschwindigkeit	$c = 299\,792\,458$ m/s
Magnetische Feldkonstante	$\mu_0 = 1{,}256\,637\,0621 \cdot 10^{-6}$ V s/(A m)
Bohr'sches Magneton	$\mu_B = 9{,}274\,010\,0783 \cdot 10^{-24}\ A\ m^2$
Compton-Wellenlänge	$\lambda_C = 2{,}426\,310\,239 \cdot 10^{-12}$ m
Nukleonenradius	$r_0 = 1{,}2 \cdot 10^{-15}$ m
Planck'sche Konstante	$h = 6{,}626\,070\,15 \cdot 10^{-34}$ J s
	$\hbar = 1{,}054\,571\,82 \cdot 10^{-34}$ J s

Ruhenergie Elektron	$m_e c^2 = 0{,}510\,998\,95$ MeV
Ruhemasse Elektron	$m_e = 9{,}109\,383\,7015 \cdot 10^{-31}$ kg $= 5{,}485\,799\,090\,65 \cdot 10^{-4}$ u
Ruhemasse Neutron	$m_n = 1{,}674\,927\,498\,04 \cdot 10^{-27}$ kg $= 1{,}008\,664\,915\,95$ u
Ruhemasse Proton	$m_p = 1{,}672\,621\,923\,69 \cdot 10^{-27}$ kg $= 1{,}007\,276\,466\,621$ u
Rydberg-Frequenz	$R = 3{,}289\,841\,960\,2508 \cdot 10^{15}$ Hz
Spezifische Elektronenladung	$e/m_e = 1{,}758\,820\,011 \cdot 10^{11}$ C/kg

3 Mess- und Beobachtungsfehler

Fehlerabschätzung

Messwerte haben Genauigkeitsgrenzen. Die letzte Stelle eines Messwertes ist gerundet. Die Unsicherheit der gemessenen Größe beträgt also maximal die Hälfte der Einheit der letzten Stelle, und zwar sowohl nach oben als auch nach unten. Gehen Messwerte in eine Rechnung ein, so bedingen sie auch eine Unsicherheit des Ergebnisses. Deshalb darf das Ergebnis nur mit der gleichen Anzahl von Stellen angegeben werden wie die Ausgangswerte. Haben diese unterschiedlichen Stellenzahlen, so soll das Ergebnis nur so viele Stellen enthalten wie der Ausgangswert mit der geringsten Stellenzahl. (Bei Feststellung der Stellenzahl bleiben das Komma und die Nullen vor der Ziffernfolge unberücksichtigt.)

Will man genauere Informationen über die Unsicherheit des Ergebnisses haben, so kann man den „Fehler" abschätzen. Dazu wird das totale Differential benutzt.

$f(x, y, \ldots)$ und der **absolute Fehler** Δf sind zu berechnen. Die absoluten Fehler von x und y sind Δx und Δy. Das totale Differential von $f(x, y, \ldots)$ ist

$$\mathrm{d}f = \frac{\partial f}{\partial x}\mathrm{d}x + \frac{\partial f}{\partial y}\mathrm{d}y + \ldots$$

Bei der Fehlerbetrachtung gelten die Näherungen

$$\mathrm{d}x \approx \Delta x, \quad \mathrm{d}y \approx \Delta y, \quad \mathrm{d}f \approx \Delta f.$$

Damit folgt

$$\Delta f = \frac{\partial f}{\partial x}\Delta x + \frac{\partial f}{\partial y}\Delta y + \ldots$$

Um den maximalen Fehler zu erfassen, werden nur die Beträge berücksichtigt, und man erhält

$$|\Delta f| = \left|\frac{\partial f}{\partial x}\right| |\Delta x| + \left|\frac{\partial f}{\partial y}\right| |\Delta y| + \ldots$$

Unter Berücksichtigung des abgeschätzten absoluten Fehlers heißt das Ergebnis

$$f = \overline{f} + \Delta f$$

$\overline{f} = f(\overline{x}, \overline{y}, \ldots)$; $\overline{x}, \overline{y}, \ldots$ Messwerte (Mittelwerte);

$$\Delta f = \pm |\Delta f|$$

Der **relative Fehler** von $f(x, y, \ldots)$ ist

$$\delta = \frac{|\Delta f|}{\overline{f}}$$

Diesen erhält man auch, wenn man $f(x, y, \ldots)$ logarithmiert, also $\ln f(x, y, \ldots)$ bildet, und anschließend differenziert, so dass man $\frac{\mathrm{d}f}{f}$ und schließlich $\frac{|\Delta f|}{f}$ erhält.

Fehlerausgleich

Durch Mittelwertbildung über mehrere Messwerte x_i der gleichen Messgröße x lässt sich der Einfluss **zufälliger Messfehler** verringern. **Systematische Fehler** bleiben davon unberührt.

Der wahrscheinlichste Wert von x ist der Mittelwert

$$\overline{x} = \frac{1}{n} \sum_{i=1}^{n} x_i$$

mit n als Anzahl der Messungen.

Der beste Schätzwert für die Streuung der Messwerte ist die **empirische Standardabweichung**

$$s_x = \sqrt{\frac{1}{n-1}\sum_{i=1}^{n}\left(x_i - \overline{x}\right)^2}$$

Die Standardabweichung des Mittelwerts $\overline{x}$ ist

$$s_{\overline{x}} = \Delta\overline{x} = \frac{s_x}{\sqrt{n}}$$

4 Koordinaten und Vektoren

Raumkoordinaten

Die Lage eines Punktes im Raum kann sowohl durch a) *kartesische Koordinaten* x, y, z als auch durch b) *Kugelkoordinaten* r, φ, ϑ beschrieben werden.

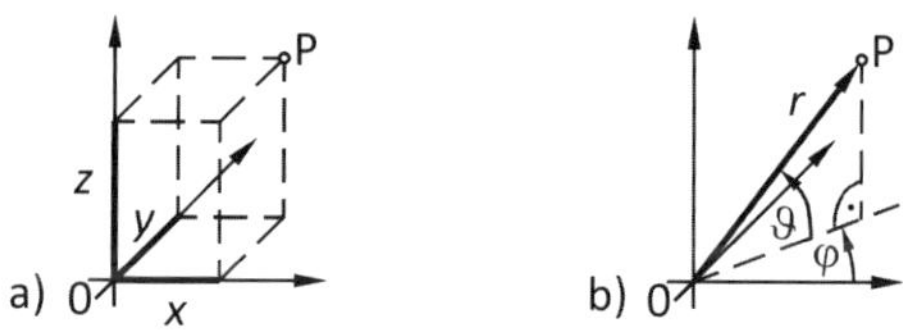

Wertebereich

$$-\infty < x < +\infty \qquad 0 < r < \infty$$

$$-\infty < y < +\infty \qquad 0 \le \varphi < 2\pi$$

$$-\infty < z < +\infty \qquad -\pi/2 \le \vartheta \le +\pi/2$$

Koordinatenumrechnung

$$x = r\cos\varphi\cos\vartheta \qquad r = \sqrt{x^2+y^2+z^2}$$

$$y = r\sin\varphi\sin\vartheta \qquad \varphi = \arctan(y/x)$$

$$z = r\sin\vartheta \qquad \vartheta = \arctan\left(z/\sqrt{x^2+y^2}\right)$$

Ebene Koordinaten

Die Beschreibung der Lage eines Punktes in der Ebene ist als Sonderfall $z = 0$ bzw. $\vartheta = 0$ ($\Rightarrow$ *Polarkoordinaten* r, φ) enthalten:

$$x = r\cos\varphi \quad r = \sqrt{x^2 + y^2}$$
$$y = r\sin\varphi \quad \varphi = \arctan(y / x)$$

Mehrdeutigkeit der arctan-Funktion

Der Taschenrechner liefert von der arctan-Funktion den *Hauptwert* Φ, der zwischen $-\pi/2$ und $+\pi/2$ festgelegt ist. Um den wirklichen Winkel φ (zwischen 0 und 2π) zu ermitteln, müssen die Vorzeichen von x und y mit herangezogen werden.

Umrechnungstabelle:

Quadrant	I	II	III	IV
Vorzeichen von				
x	+	–	–	+
y	+	+	–	–
φ	Φ	$\Phi+\pi$		$\Phi+2\pi$
Wertebereich von				
Φ	$0 \ldots \pi/2$	$-\pi/2 \ldots 0$	$0 \ldots \pi/2$	$-\pi/2 \ldots 0$
φ	$0 \ldots \pi/2$	$\pi/2 \ldots \pi$	$\pi \ldots 3\pi/2$	$3\pi/2 \ldots 2\pi$

Ortsvektor

Der Ortsvektor (Symbol $\vec{r}$) beschreibt die Lage eines Punktes im Raum, bezogen auf den Koordinatenursprung.

Darstellung von $\vec{r}$ durch

Koordinaten x, y, z

Betrag $r = |\vec{r}|$ und Richtung φ, ϑ

Komponenten $x\vec{e}_x; y\vec{e}_y; z\vec{e}_z$

$\vec{e}_x, \vec{e}_y, \vec{e}_z$ sind **Einheitsvektoren** in Richtung der Koordinatenachsen. Einheitsvektoren sind stets dimensionslos:

$$|\vec{e}_x| = |\vec{e}_y| = |\vec{e}_z| = 1$$

Die Komponenten $x\vec{e}_x, y\vec{e}_y, z\vec{e}_z$ sind Vektoren, deren Richtung durch den Einheitsvektor und deren Betrag durch die Koordinate bestimmt ist.

Skalarprodukt (Punktprodukt)

$$A = \vec{r}_1 \cdot \vec{r}_2$$

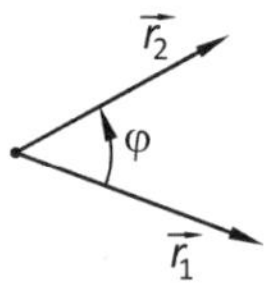

Das Ergebnis ist ein Skalar, der wie folgt definiert ist:

$$A = r_1 r_2 \cos\varphi$$

Berechnung aus den Koordinaten

$$A = x_1 x_2 + y_1 y_2 + z_1 z_2$$

Vektorprodukt (Kreuzprodukt)

$$\vec{A} = \vec{r}_1 \times \vec{r}_2$$

Das Ergebnis ist ein Vektor, der wie folgt definiert ist:

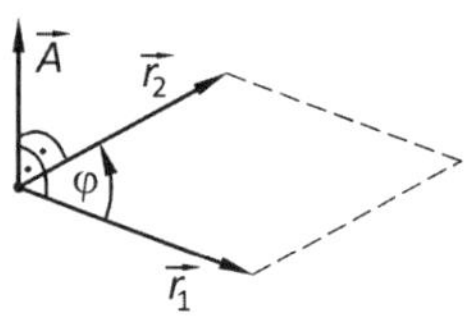

$A = r_1 r_2 \sin\varphi$

$=$ von $\vec{r}_1, \vec{r}_2$ aufgespannte Parallelogrammfläche,

$\vec{A} \perp \vec{r}_1, \vec{r}_2$

$\vec{r}_1, \vec{r}_2, \vec{A}$ bilden in der angegebenen Reihenfolge ein *Rechtssystem* (s. u.).

Berechnung in kartesischen Koordinaten

$$\vec{A} = (y_1 z_2 - z_1 y_2)\vec{e}_x + (z_1 x_2 - x_1 z_2)\vec{e}_y + (x_1 y_2 - y_1 x_2)\vec{e}_z$$

Rechtssystem und Rechtsschraubenregel

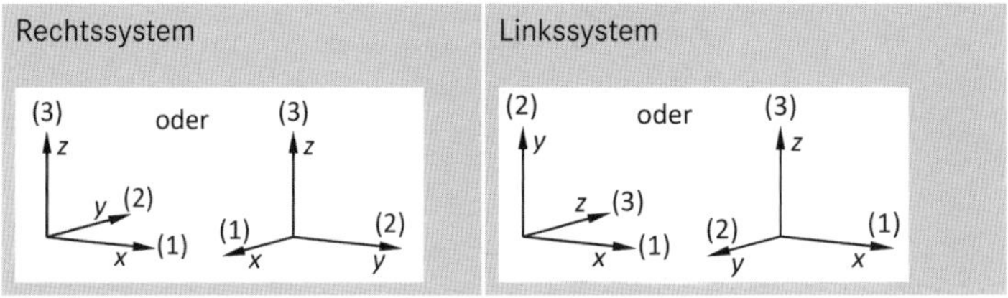

Die Unterscheidung bezieht sich auf die festgelegte Reihenfolge der Achsen (bzw. der Vektoren).

Feststellung mit Hilfe der *Rechtsschraubenregel*

- (1) wird bis zum Zusammenfallen mit (2) gedreht
- (Schwenkwinkel dabei kleiner als 180°)
- (3) wird als die Vorschubrichtung einer sich entsprechend drehenden Schraube angesehen:

  Rechtsschraube – Rechtssystem

  Linksschraube – Linkssystem

Darstellung der Rechtsschraube mit Hilfe der rechten Hand

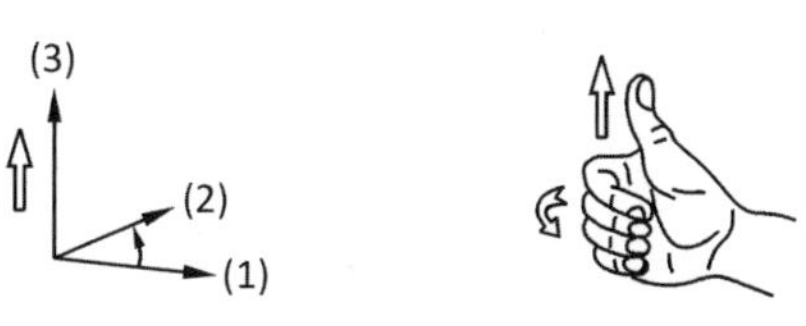

Flächenvektor

$$\mathrm{d}\vec{A} = \vec{e}_x\,\mathrm{d}x \times \vec{e}_y\,\mathrm{d}y = \vec{e}_z\,\mathrm{d}x\,\mathrm{d}y$$

$$\left|\mathrm{d}\vec{A}\right| = \mathrm{d}A = \mathrm{d}x\,\mathrm{d}y$$

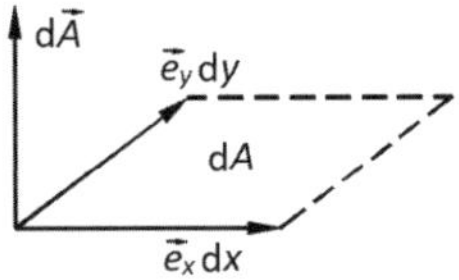

oder

$$\mathrm{d}\vec{A} = \frac{1}{2}\vec{r} \times \mathrm{d}\vec{r}$$

$$\mathrm{d}A = \frac{1}{2}\left|\vec{r}\right|\left|\mathrm{d}\vec{r}\right|\sin(\vec{r},\mathrm{d}\vec{r})$$

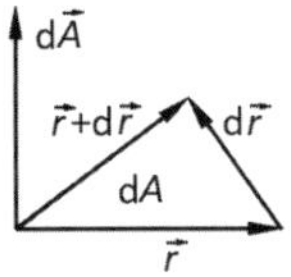

Mechanik

5 Kinematik

Ort-Zeit-Funktion eines Punkts

Ortsvektor

$$\vec{r} = \vec{r}(t)$$

Koordinaten

$$x = x(t)$$

$$y = y(t)$$

$$z = z(t)$$

Geschwindigkeit

Geschwindigkeitsvektor

$$\vec{v} = \frac{d\vec{r}}{dt}$$

Koordinaten

$$v_x = \frac{dx}{dt} = \dot{x}$$

$$v_y = \frac{dy}{dt} = \dot{y}$$

$$v_z = \frac{dz}{dt} = \dot{z}$$

Mittlere Geschwindigkeit während des Zeitintervalls Δt

$$\bar{\vec{v}} = \frac{\Delta \vec{r}}{\Delta t} = \frac{\vec{r}_2 - \vec{r}_1}{t_2 - t_1}$$

Berechnung des Ortes

Vektordarstellung

$$\vec{r}(t) = \int_{t_0}^{t} \vec{v}(t')\mathrm{d}t' + \vec{r}(t_0)$$

$\vec{v}(t')$ = vorgegebene Geschwindigkeit-Zeit-Funktion (Die Umbenennung von t in t' ist erforderlich, damit die Integrationsvariable von der Integrationsgrenze unterschieden werden kann.)

$\vec{r}(t_0)$ = Anfangsort zur Zeit t_0, der unabhängig von $v(t')$ festgelegt werden kann

Häufig getroffene Festlegung: $t_0 = 0,\ \vec{r}(t_0) = \vec{r}_0$

Koordinatendarstellung mit $t_0 = 0$

$$x(t) = \int_0^t v_x(t')\mathrm{d}t' + x_0$$

$$y(t) = \int_0^t v_y(t')\mathrm{d}t' + y_0$$

$$z(t) = \int_0^t v_z(t')\mathrm{d}t' + z_0$$

Beschleunigung

Beschleunigungsvektor

$$\vec{a} = \frac{\mathrm{d}\vec{v}}{\mathrm{d}t}$$

Koordinaten

$$a_x = \frac{\mathrm{d}v_x}{\mathrm{d}t} = \dot{v}_x = \ddot{x}$$

$$a_y = \frac{\mathrm{d}v_y}{\mathrm{d}t} = \dot{v}_y = \ddot{y}$$

$$a_z = \frac{\mathrm{d}v_z}{\mathrm{d}t} = \dot{v}_z = \ddot{z}$$

Mittlere Beschleunigung im Zeitintervall Δt

$$\overline{\vec{a}} = \frac{\Delta\vec{v}}{\Delta t} = \frac{\vec{v}_2 - \vec{v}_1}{t_2 - t_1}$$

Berechnung der Geschwindigkeit

Vektordarstellung

$$\vec{v}(t) = \int_{t_0}^{t} \vec{a}(t')\mathrm{d}t' + \vec{v}(t_0)$$

$\vec{a}(t')$ = vorgegebene Beschleunigung-Zeit-Funktion (Die Umbenennung von t in t' ist erforderlich, damit die Integrationsvariable von der Integrationsgrenze unterschieden werden kann.)

$\vec{v}(t_0)$ = Anfangsgeschwindigkeit zur Zeit t_0

Häufig getroffene Festlegung: $t_0 = 0, \vec{v}(t_0) = \vec{v}_0$

Koordinatendarstellung mit $t_0 = 0$

$$v_x(t) = \int_0^t a_x(t')\mathrm{d}t' + v_{x0}$$

$$v_y(t) = \int_0^t a_y(t')\mathrm{d}t' + v_{y0}$$

$$v_z(t) = \int_0^t a_z(t')\mathrm{d}t' + v_{z0}$$

Bewegung auf der Geraden

Gleichmäßig beschleunigte Bewegung (a_x = const)

$$x = \frac{a_x}{2}t^2 + v_{x0}t + x_0$$
$$v_x = a_x t + v_{x0}$$

v_{x0} = Anfangsgeschwindigkeit $v_{x0} = v_x(0)$
x_0 = Anfangsort $x_0 = x(0)$

Durch die freie Wählbarkeit von x_0 und v_{x0} kann mit den angegebenen Formeln jede gleichmäßig beschleunigte Bewegung beschrieben werden.

Gleichförmige Bewegung (Sonderfall: $a_x = 0$)

$$x = v_{x0}t + x_0$$
$$v_x = v_{x0} = \text{const}$$

v_{x0} = Anfangsgeschwindigkeit $v_{x0} = v_x(0)$
x_0 = Anfangsort $x_0 = x(0)$

Freier Fall (Sonderfall: $a_x = g$)

Zusätzliche Bedingungen: $v_{x0} = 0$; $x_0 = 0$; die x-Achse ist nach unten gerichtet ($a_x > 0$)

$$x = \frac{g}{2}t^2 = \frac{v_x^2}{2g}$$
$$v_x = gt = \sqrt{2gx}$$

Senkrechter Wurf nach oben (Sonderfall: ($a_x = -g$)

Zusätzliche Bedingungen: die x-Achse ist nach oben gerichtet ($a_x < 0$); Bewegung startet nach oben ($v_{x0} > 0$)

$$x = v_{x0}t - \frac{g}{2}t^2 = \frac{v_{x0}^2 - v_x^2}{2g}$$
$$v_x = v_{x0} - gt = \pm\sqrt{v_{x0}^2 - 2gx}$$

Ungleichmäßig beschleunigte Bewegung
Harmonische Schwingung (Sonderfall)

$$x = x_m \cos(\omega_0 t + \varphi_0)$$
$$v_x = -x_m \omega_0 \sin(\omega_0 t + \varphi_0)$$
$$a_x = -x_m \omega_0^2 \cos(\omega_0 t + \varphi_0)$$

x = Elongation (Auslenkung)
x_m = Amplitude (maximale Elongation)
$x_m\omega_0$ = Amplitude der Geschwindigkeit (maximale Geschwindigkeit)
$x_m\omega_0^2$ = Amplitude der Beschleunigung (maximale Beschleunigung)
φ_0 = Nullphasenwinkel
ω_0 = Kreisfrequenz der Schwingung; $\omega_0 = 2\pi f_0$
f_0 = Frequenz; $f_0 = 1/T_0$
T_0 = Periodendauer

Bewegung in der Ebene

Schräger Wurf (Sonderfall: $a_x = 0$; $a_y = -g$)

Zusätzliche Bedingungen:

- x-Achse in horizontaler Richtung;
- y-Achse vertikal nach oben gerichtet
- $x_0 = 0$; $v_{x0} = v_0 \cos \alpha_0$;
- $y_0 = h$; $v_{y0} = v_0 \sin \alpha_0$

v_0 = Betrag der Abwurfgeschwindigkeit
α_0 = Abwurfwinkel gegenüber der Horizontalen
h = Abwurfhöhe

Ort-Zeit-Funktionen

$$x = v_0 \cos\alpha_0 t$$

gleichförmige Bewegung in x-Richtung

$$y = v_0 \sin\alpha_0 t - \frac{g}{2} t^2 + h$$

gleichmäßig beschleunigte Bewegung in y-Richtung

Bahngleichung

$$y = -\frac{g}{2v_0^2 \cos^2 \alpha_0} x^2 + x \tan \alpha_0 + h$$

Koordinaten des Scheitelpunktes der Bahn

$$x_1 = \frac{v_0^2}{g} \sin \alpha_0 \cos \alpha_0 \qquad y_1 = \frac{v_0^2}{2g} \sin^2 \alpha_0 + h$$

Auftreffort (für $y_2 = 0$)

$$x_2 = \frac{v_0^2}{g} \cos \alpha_0 \left(\sin \alpha_0 + \sqrt{\sin^2 \alpha_0 + \frac{2gh}{v_0^2}} \right)$$

Kreisbewegung

Bahnradius $r = r_0 = \text{const}$

Winkel $\varphi = \varphi(t)$ (Winkel im Bogenmaß, d. h. rad)

Winkelgeschwindigkeit (Kreisfrequenz)

$$\omega = \frac{\mathrm{d}\varphi}{\mathrm{d}t} = \dot{\varphi}; \ \omega = 2\pi f$$

Winkelbeschleunigung

$$\alpha = \frac{\mathrm{d}\omega}{\mathrm{d}t} = \frac{\mathrm{d}^2\varphi}{\mathrm{d}t^2} = \dot{\omega} = \ddot{\varphi}$$

Winkel-Zeit-Funktionen

$$\varphi = \frac{\alpha}{2} t^2 + \omega_0 t + \varphi_0$$ gleichmäßig beschleunigte Kreisbewegung

$$\varphi = \omega_0 t + \varphi_0$$ gleichförmige Kreisbewegung

ω_0 = Anfangswinkelgeschwindigkeit: $\omega_0 = \omega(0)$
φ_0 = Anfangswinkel: $\varphi_0 = \varphi(0)$
α = konstante Winkelbeschleunigung
f = Frequenz (Drehzahl)

Bahnkoordinaten

$s = r_0\varphi$	Bahnlänge
$v = r_0\omega$	Bahngeschwindigkeit
$a_s = r_0\alpha$	Bahnbeschleunigung

Radialbeschleunigung

$$a_r = r_0\omega^2 = \frac{v^2}{r_0}$$

Gesamtbeschleunigung

$$a = \sqrt{a_s^2 + a_r^2}$$

Die Vektoren von Bahngeschwindigkeit und Bahnbeschleunigung haben tangentiale Richtung. Außerdem tritt eine Radialbeschleunigung auf. Der Vektor der Radialbeschleunigung ist zum Kreismittelpunkt gerichtet.

Darstellung in kartesischen Koordinaten

$$x = r_0 \cos\varphi(t)$$
$$y = r_0 \sin\varphi(t)$$

6 Newton'sche Axiome und Bewegungsgleichung

Trägheitsgesetz – Erstes Newton'sches Axiom

Wenn auf einen Massenpunkt keine Kraft einwirkt, beharrt er im Zustand der Ruhe oder der gleichförmigen, geradlinigen Bewegung.

Grundgesetz der Mechanik – Zweites Newton'sches Axiom

$$\vec{F} = m\vec{a}$$

$\vec{F}$ = Resultierende aller auf den Massenpunkt von außen einwirkenden Kräfte:

$$\vec{F} = \sum \vec{F}_k; k = 1,2,\ldots,N$$

m = Masse des punktförmigen Körpers
$\vec{a}$ = Beschleunigung des Massenpunkts

Der Massenpunkt wird sehr häufig durch den Massenmittelpunkt (Schwerpunkt) eines Körpers repräsentiert.

Die allgemeinere Form des Grundgesetzes der Mechanik ist das Zweite Newton'sche Axiom:

$$\vec{F} = \frac{\mathrm{d}(m\vec{v})}{\mathrm{d}t} = \frac{\mathrm{d}\vec{p}}{\mathrm{d}t}$$

$\vec{F}$ wie in $\vec{F} = m\vec{a}$
$\vec{p}$ Impuls; $\vec{p} = m\vec{v}$

Die Integration über eine zeitabhängige Kraft

$$\int_{t_0}^{t_t} \vec{F}(t)\mathrm{d}t = m\vec{v}_1 - m\vec{v}_0$$

ergibt: Kraftstoß bewirkt Impulsänderung.

Gegenwirkungsprinzip – Drittes Newton'sches Axiom

Wirkung und Gegenwirkung (actio und reactio) haben gleiche Beträge. Wirkt die Umgebung (beliebig im Raum verteilte Massenpunkte) auf den Massenpunkt mit einer bestimmten Kraft $\vec{F}$, so wirkt umgekehrt der Massenpunkt auf die Umgebung mit Kräften $\vec{F}_k$, die sich zu einer resultierenden Gegenkraft $\vec{F}'$ zusammenfassen lassen. Kraft und Gegenkraft liegen in derselben Geraden, greifen an zwei verschiedenen Punkten an, haben gleiche Beträge und entgegengesetzten Richtungssinn. ■

$$\vec{F}' = -\vec{F}$$

$\vec{F}$ = Kraft auf den betrachteten Massenpunkt

$\vec{F}'$ = Resultierende der auf die Umgebung des Massenpunkts wirkenden Gegenkräfte $\vec{F}_k; \vec{F}' = \sum \vec{F}_k; k = 1,2,\ldots,N$

Bewegungsgleichung

Durch Einsetzen der speziellen Kraftgesetze für die an dem Massenpunkt angreifenden Kräfte $\vec{F}_k$, die sich nach dem Gesetz der Vektoraddition überlagern (superponieren), entsteht aus dem Newton'schen Grundgesetz der Mechanik die Bewegungsgleichung.

7 Kräfte verschiedenen Ursprungs

Federkraft

$$F_x = -kx$$ Hooke'sches Gesetz

k = Federkonstante (Federsteifigkeit, Federsteife)

x = Auslenkung des freien Federendes aus der Gleichgewichtslage (F_x = 0)

F_x = in die Gleichgewichtslage rücktreibende Kraft; deshalb entgegengesetztes Vorzeichen von x

Die Federkraft beruht auf der elastischen Verformung des Federkörpers. Für den am Federende befestigten Körper ist die Federkraft eine ortsabhängige Kraft.

Haftreibungskraft

$$\vec{F}_R = -\vec{F}$$

$$F_R \leq \mu_0 F_n$$

$\vec{F}$ = angreifende Kraft

$\vec{F}_R$ = Haftreibungskraft

F_n = Normalkraft; Kraft, mit der der Körper gegen seine Unterlage drückt oder gedrückt wird

μ_0 = Haftreibungszahl; sie hängt vom Material und der Oberflächenbeschaffenheit der sich berührenden Körper ab

$\mu_0 F_n$ = ist der maximal mögliche Betrag der Haftreibungskraft. Wird F größer als $\mu_0 F_n$, so beginnt der Körper zu gleiten.

Gleitreibungskraft

$$\vec{F}_\mathrm{R} = \mu F_\mathrm{n}\left(-\vec{e}_v\right)$$

$\vec{F}_\mathrm{R}$ = Kraft, die beim Gleiten eines Körpers auf einer festen Unterlage auftritt und der Bewegung entgegengerichtet ist

μ = Gleitreibungszahl; abhängig von den sich berührenden Substanzen (Material, Rauigkeit)

F_n = Betrag der vom Körper auf die Unterlage wirkenden Normalkraft $\vec{F}_\mathrm{n}$

$\vec{e}_v$ = Einheitsvektor der Geschwindigkeit in Bewegungsrichtung

Der Betrag der Geschwindigkeit hat fast keinen Einfluss auf $\vec{F}_\mathrm{R}$; deshalb wird $\vec{F}_\mathrm{R}$ häufig als konstant bezeichnet.

Rollreibungskraft

$$\vec{F}_\mathrm{R} = \frac{\mu'}{r} F_\mathrm{n}\left(-\vec{e}_v\right)$$

μ' = Rollreibungskoeffizient

F_n = wie bei Gleit- und Haftreibung

r = Radius des rollenden Körpers

$\vec{e}_v$ = Einheitsvektor der Geschwindigkeit

Gravitationskraft

$$F = G\frac{m_1 m_2}{r^2} \qquad \vec{F} = -G\frac{m_1 m_2}{r^2}\vec{e}_r$$

$\vec{F}$ = Kraft (stets Anziehungskraft) zwischen zwei Körpern (Gravitationswechselwirkung oder allgem. Massenanziehung)

G = Gravitationskonstante (universell gültig); $G = 6{,}674 \cdot 10^{-11}\,\mathrm{m}^3 / \left(\mathrm{kg\ s}^2\right)$

r = Abstand der Massenmittelpunkte der beiden Körper oder Betrag des Ortsvektors, der seinen Ursprung z. B. im Massenmittelpunkt des ersten Körpers haben kann, wofür dann (1) → (2) die Richtung von $\vec{e}_r$ ist

m_1, m_2 = Masse der jeweiligen Massenpunkte

Gewichtskraft – Sonderfall der Gravitationskraft

$$F_G = mg$$

F_G = Gewichtskraft; Resultierende aus Gravitationskraft und Zentrifugalkraft an der Erdoberfläche

m = Masse des Körpers

g = Fallbeschleunigung am betreffenden Ort, abhängig von geografischer Breite und Höhe über dem Meeresspiegel

Coulombkraft

$$\vec{F} = \frac{1}{4\pi\varepsilon_0}\frac{Q_1 Q_2}{r^2}\vec{e}_r$$

vgl. hierzu Kapitel 33

Q_1, Q_2 = elektrische Ladungen der Teilchen (Punktladungen)

F = Kraft zwischen den Punktladungen (beide Vorzeichen möglich)

r = Betrag des Ortsvektors $r\vec{e}_r$, der seinen Ursprung z. B. bei der Punktladung (1) haben kann, wofür dann (1) → (2) die Richtung von $\vec{e}_r$ ist

ε_0 = elektrische Feldkonstante

Reibungskraft auf umströmte Körper in Flüssigkeiten oder Gasen

$$\vec{F}_R = -r_1 v\vec{e}_v$$
$$\vec{F}_R = -r_2 v^2\vec{e}_v$$

vgl. hierzu Kapitel 18

$\vec{F}_R$ = Kraft, die auf der inneren Reibung in Flüssigkeiten oder Gasen beruht

r_1 = Reibungskonstante (Geschwindigkeit v klein, laminare Umströmung)

r_2 = Reibungskonstante (Geschwindigkeit v groß, turbulente Umströmung)

v = Betrag der Relativgeschwindigkeit des Körpers gegenüber dem Medium; nicht in unmittelbarer Nähe des Körpers (Grenzschicht, Turbulenz)

Zwangskraft

Ist die Bahn eines bewegten Massenpunkts durch eine Führung (Schiene) gegeben, so treten in der Führung Zwangskräfte auf, die normal zur Bahn orientiert und so groß sind, dass sie zusammen mit den anderen vorhandenen Kräften die Einhaltung der Bahn bewirken. ■

Radialkraft

Der Begriff Radialkraft wird verwendet für das Produkt Masse mal Radialbeschleunigung. ■

$$F_\mathrm{r} = -m\frac{v^2}{r} = -m\omega^2 r$$

F_r = Radialkraft
m = Masse
v = Bahngeschwindigkeit am betrachteten Ort; $v = r\omega$
r = Krümmungsradius der Bahn am betrachteten Ort

Das negative Vorzeichen weist darauf hin, dass die Radialkraft zum Krümmungsmittelpunkt der Bahn gerichtet ist.

Der Begriff Radialkraft fordert auf, nach Kräften zu suchen, deren Resultierende die Radialbeschleunigung erzeugen kann.

8 Arbeit, Energie, Leistung

Mechanische Arbeit

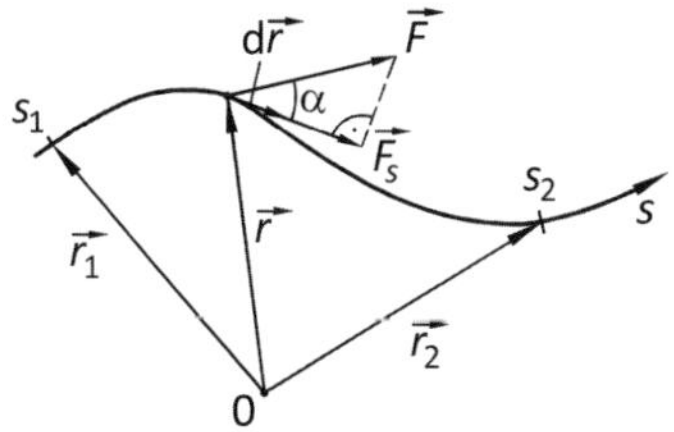

$$W = \int_{\vec{r}_1}^{\vec{r}_2} \vec{F}\,d\vec{r} = \int_{s_1}^{s_2} F_s\,ds = \int_{s_1}^{s_2} F\cos\alpha\,ds$$

W = verrichtete Arbeit längs der Wegstrecke s vom Ort mit der Bahnkoordinate s_1 bis zum Ort mit der Bahnkoordinate s_2; Differenzial der Arbeit: $dW = \vec{F}d\vec{r}$

$\vec{F}$ = Kraft, die diese Arbeit verrichtet; $F = \left|\vec{F}\right|$

$\vec{r}_1$ = Ortsvektor zum Ort bei s_1

$\vec{r}_2$ = Ortsvektor zum Ort bei s_2

F_s = Betrag der Kraftkomponente $\vec{F}_s$ in Wegrichtung am betrachteten Ort

α = Winkel zwischen Kraftrichtung und Bahntangente beim Angriffspunkt der Kraft

Auf einem festgelegten Weg verrichtet die auf einen Körper wirkende Kraft $\vec{F}$ die Arbeit W.

Sonderfall (F = const und α = 0):

$$W = Fs$$

F = Kraft $F = \left|\vec{F}\right| = F_s$
s = Wegstrecke

Verschiebungsarbeit

$$W' = -W$$

W' = Verschiebungsarbeit (mechanische Arbeit, die z. B. beim Zusammendrücken einer Feder verrichtet wird); $\mathrm{d}W' = \vec{F}'\mathrm{d}\vec{r},\ \vec{F}' = -\vec{F}$
W = Arbeit, die die (resultierende) Kraft $\vec{F}$ am Körper verrichtet

Potenzielle Energie

$$\Delta E_\mathrm{p} = W'$$

$$E_\mathrm{p}(\vec{r}_2) - E_\mathrm{p}(\vec{r}_1) = -\int_{\vec{r}_1}^{\vec{r}_2} \vec{F}\,\mathrm{d}\vec{r}$$

ΔE_p = Änderung der potenziellen Energie E_p; $\Delta E_\mathrm{p} = E_\mathrm{p}(2) - E_\mathrm{p}(1)$
W' = Verschiebungsarbeit
$\vec{r}_1, \vec{r}_2$ = Ortsvektoren

Die potenzielle Energie ist eine Funktion des Ortes: $E_\mathrm{p}(\vec{r})$. Der Nullpunkt der potenziellen Energie ist willkürlich wählbar. Das Kraftgesetz der **Potenzialkraft** $\vec{F}(\vec{r})$ bestimmt die konkreten Funktionen $E_\mathrm{p}(\vec{r})$.

Potenzialkräfte oder **konservative Kräfte** sind dadurch gekennzeichnet, dass beim Rückgängigmachen einer Verschiebung die ihnen gegenüber verrichtete Verschiebungsarbeit vollständig zurückgewonnen wird. Bei Potenzialkräften bewirkt das Zuführen von Verschiebungsarbeit einen Zuwachs an potenzieller Energie.

Kraft (Potenzialkraft)		Potenzielle Energie	Festgelegter Nullpunkt $E_p = 0$
Gewichtskraft	$F_z = -mg$	$E_p = mgz$	$z = 0$
Federkraft	$F_x = -kx$	$E_p = \frac{k}{2}x^2$	$x = 0$
Gravitationskraft	$F = G\frac{m_1 m_2}{r^2}$	$E_p = -G\frac{m_1 m_2}{r}$	$r \to \infty$
Coulombkraft	$F = \frac{Q_1 Q_2}{4\pi\varepsilon_0 r^2}$	$E_p = \frac{Q_1 Q_2}{4\pi\varepsilon_0 r}$	$r \to \infty$

Kinetische Energie

$$E_k = \frac{m}{2}v^2$$

$$\Delta E_k = \int_{\vec{r}_1}^{\vec{r}_2} m\vec{a}\,d\vec{r} = m\int_{\vec{v}_1}^{\vec{v}_2} \vec{v}\,d\vec{v} = \frac{m}{2}v_2^2 - \frac{m}{2}v_1^2$$

ΔE_k = Änderung der kinetischen Energie; $\Delta E_k = E_k(2) - E_k(1)$
m = Masse des Körpers
$\vec{v}$ = Geschwindigkeit des Körpers
$\vec{r}$ = Ortsvektor

Eine Kraft $F = ma$, die einen Körper beschleunigt, verrichtet Beschleunigungsarbeit.

Zugeführte Beschleunigungsarbeit bewirkt einen Zuwachs an kinetischer Energie.

Energieerhaltung

Die Summe von potenzieller und kinetischer Energie eines Körpers, der sich unter dem Einfluss einer Potenzialkraft bewegt, ändert sich nicht. ■

$$E_\mathrm{p} + E_\mathrm{k} = E_0 = \mathrm{const}$$

$E_\mathrm{p} = E_\mathrm{p}\left(\vec{r}\right)$ = potenzielle Energie (ortsabhängig)

$E_\mathrm{k} = E_\mathrm{k}\left(v^2\right)$ = kinetische Energie (geschwindigkeitsabhängig)

E_0 = konstante Gesamtenergie

Andere Schreibweise für den Vergleich zweier Zustände 1 und 2:

$$E_\mathrm{p}(1) + E_\mathrm{k}(1) = E_\mathrm{p}(2) + E_\mathrm{k}(2)$$

Mechanische Leistung

$$P = \frac{\mathrm{d}W}{\mathrm{d}t} = \vec{F}\vec{v}$$

bei Drehbewegungen: $P = \vec{M}\vec{\omega}$

Sonderfall (P = const):

$$P = \frac{W}{\Delta t}$$

W = mechan. Arbeit, die eine Kraft $\vec{F}$ verrichtet $\mathrm{d}W = \vec{F}\mathrm{d}\vec{r}$

$\vec{v}$ = Geschwindigkeit; $\vec{v} = \dfrac{\mathrm{d}\vec{r}}{\mathrm{d}t}$

Δt = Zeitspanne, in der die Arbeit verrichtet wird

M = Drehmoment

ω = Winkelgeschwindigkeit

P = Leistung; zeitlicher Zuwachs an mechan. Arbeit ($\mathrm{d}W > 0$, $P > 0$); bei Verschiebungsarbeit $\mathrm{d}W' = -\mathrm{d}W < 0$, $P < 0$

9 Impulserhaltungssatz

Definition des Impulses

$$\vec{p} = m\vec{v}$$

$\vec{p}$ = Impuls oder Bewegungsgröße
m = Masse
$\vec{v}$ = Geschwindigkeit

Impulsänderung durch Krafteinwirkung – Kraftstoß

$$m\left(\vec{v}_2 - \vec{v}_1\right) = \int_{t_1}^{t_2} \vec{F}\,\mathrm{d}t$$

$\vec{v}_1$ = Geschwindigkeit zur Zeit t_1 (vor der Krafteinwirkung)
$\vec{v}_2$ = Geschwindigkeit zur Zeit t_2 (nach der Krafteinwirkung)
$\vec{F}$ = Kraft; $\int \vec{F}\,\mathrm{d}t$ heißt Kraftstoß

Sonderfall (F = const; gleiche Richtung von Geschwindigkeit und Kraft):

$$m\left(v_2 - v_1\right) = F\,\Delta t$$

Δt = Zeit der Krafteinwirkung

Systeme von Massenpunkten

In einem **abgeschlossenen System** treten nur Kräfte zwischen Körpern auf, die dem System angehören. Diese Kräfte heißen **innere Kräfte.** Wegen des Gegenwirkungsprinzips ist die Summe der inneren Kräfte gleich null.

Äußere Kräfte werden auf einen Körper eines (nichtabgeschlossenen) Systems von einem Körper ausgeübt, der selbst nicht dem System angehört.

Impulserhaltungssatz

In einem abgeschlossenen System (es existieren keine äußeren Kräfte) ist die Summe der Impulse aller Masenpunkte konstant.

$$\sum_k m_k \vec{v}_k = \vec{p}_0 = \text{const}$$

k = Summationsindex und Nummerierung der Massenpunkte des Systems; $k = 1, 2, \ldots, N$

$\vec{p}_0$ = Gesamtimpuls

oder

$$\sum_k m_k \vec{v}_k = \sum_k m_k \vec{v}'_k$$

oder

$$\sum_k \vec{p}_k = \sum_k \vec{p}'_k$$

$\vec{v}_k$ = Geschwindigkeiten der Massenpunkte zu einem bestimmten Zeitpunkt

$\vec{v}'_k$ = Geschwindigkeiten der Massenpunkte zu einem anderen Zeitpunkt

$\vec{p}_k, \vec{p}'_k$ entsprechend - Impulse zu zwei verschiedenen Zeitpunkten.

Durch die Formeln werden zwei Zustände des Systems verglichen.

Massenmittelpunkt oder Schwerpunkt eines Systems von Massenpunkten – Ortsvektor

$$\vec{r}_\text{M} = \frac{\sum_k m_k \vec{r}_k}{\sum_k m_k}$$

$\vec{r}_\text{M}$ = Ortsvektor des Massenmittelpunktes

$\sum m_k = m$ = Gesamtmasse des Systems von Massenpunkten

$\vec{r}_k$ = Ortsvektoren der einzelnen Massenpunkte

Massenmittelpunkt – Geschwindigkeit

$$\vec{v}_\mathrm{M} = \frac{1}{m}\sum_k m_k \vec{v}_k = \frac{\vec{p}_0}{m}$$

$\vec{v}_\mathrm{M}$ = Geschwindigkeit des Massenmittelpunktes des Systems von Massenpunkten

$\vec{v}_k$ = Geschwindigkeiten der einzelnen Massenpunkte

$\vec{p}_0$ = Gesamtimpuls des Systems

m = Gesamtmasse des Systems; $m = \sum_k m_k$

Massenmittelpunkt – Beschleunigung bei Einwirkung äußerer Kräfte

$$\vec{a}_\mathrm{M} = \frac{1}{m}\sum_k m_k \vec{a}_k$$

$\vec{a}_\mathrm{M}$ = Beschleunigung des Massenmittelpunktes des Systems von Massenpunkten

$\vec{a}_k$ = Beschleunigungen der einzelnen Massenpunkte

m = Gesamtmasse des Systems; $m = \sum_k m_k$

Daraus folgt die

Bewegungsgleichung des Massenmittelpunktes

$$m\vec{a}_\mathrm{M} = \sum_k \vec{F}_k = \vec{F}_\mathrm{a}$$

m = Gesamtmasse des Systems von Massenpunkten

$\vec{a}_\mathrm{M}$ = Beschleunigung des Massenmittelpunktes

$\vec{F}_k$ = Kräfte, die auf die einzelnen Massenpunkte wirken, soweit sie äußere Kräfte sind (innere Kräfte des Systems tragen zur Beschleunigung $\vec{a}_\mathrm{M}$ nicht bei)

$\vec{F}_\mathrm{a}$ = Resultierende äußere Kraft

Für den Massenmittelpunkt gilt das Trägheitsgesetz.

Stoß zweier Massenpunkte auf einer Geraden

Impulserhaltung in dem System, das die beiden Massenpunkte bilden:

$$m_1 v_1 + m_2 v_2 = m_1 v_1' + m_2 v_2'$$

m_1, m_2 = Massen

v_1, v_2 = Geschwindigkeiten der Massenpunkte vor dem Stoß

v'_1, v'_2 = Geschwindigkeiten der Massenpunkte nach dem Stoß

Vollkommen elastischer Stoß

Zusätzlich gilt der Energieerhaltungssatz:

$$\frac{m_1}{2} v_1^2 + \frac{m_2}{2} v_2^2 = \frac{m_1}{2} v_1'^2 + \frac{m_2}{2} v_2'^2$$

Geschwindigkeiten nach dem Stoß:

$$v_1' = \frac{(m_1 - m_2) v_1 + 2 m_2 v_2}{m_1 + m_2}$$

$$v_2' = \frac{(m_2 - m_1) v_2 + 2 m_1 v_1}{m_1 + m_2}$$

Vollkommen unelastischer Stoß (Stoß mit Kopplung der beiden Stoßpartner)

Übereinstimmende Geschwindigkeiten nach dem Stoß:

$$v' = v_1' = v_2' = \frac{m_1 v_1 + m_2 v_2}{m_1 + m_2}$$

Verlust an kinetischer Energie beim Stoß:

$$\Delta E = E_k - E_k' = \frac{m_1 m_2}{2(m_1 + m_2)} (v_1 - v_2)^2$$

Bewegungsgleichung bei veränderlicher Masse

$$m\vec{a} = \vec{F} + \vec{u}\frac{\mathrm{d}m}{\mathrm{d}t}$$

$\vec{F}$ = auf den Körper von außen einwirkende Kraft

$\frac{\mathrm{d}m}{\mathrm{d}t}$ = Zeitbezogene Massenänderung des Körpers; bei Massenausstoß (Rakete) ist $\mathrm{d}m/\mathrm{d}t < 0$

$\vec{u}$ = Relativgeschwindigkeit der ausgestoßenen (hinzutretenden) Masse gegenüber dem Körper

$\vec{a}$ = Beschleunigung des Körpers

10 Bewegung im Zentralfeld

Zentralkraft

$$\vec{F} = F(r)\vec{e}_r$$

$F(r)$ = Ausdruck für die Abhängigkeit der Kraft von r (Abstand vom Kraftzentrum).
Die Kraft $\vec{F}(r)$ wirkt in radialer Richtung.
$\vec{e}_r$ = Einheitsvektor des Ortsvektors $\vec{r}$ dessen Ursprung im Kraftzentrum liegt. Es gilt $\vec{e}_r = \frac{\vec{r}}{r}$.

Eine Zentralkraft ist für $F(r) < 0$ überall im Raum zum gleichen Punkt hin gerichtet und für $F(r) > 0$ von diesem weg gerichtet. Dieser Punkt ist das Kraftzentrum.

Zentralkräfte sind die

Gravitationskraft

$$\vec{F} = -G\frac{m_1 m_2}{r^2}\vec{e}_r$$ vgl. hierzu Kapitel 7

und die

Coulombkraft

$$\vec{F} = \frac{1}{4\pi\varepsilon_0}\frac{Q_1 Q_2}{r^2}\vec{e}_r$$ vgl. hierzu Kapitel 7 und 33

m_1, m_2 = Punktmassen
Q_1, Q_2 = Punktladungen

r = Betrag des Ortsvektors $\vec{r}$ von m_2 bzw. Q_2, dessen Ursprung bei m_1 bzw. Q_1 liegt. Der Ursprung ist damit das Kraftzentrum.

$\vec{e}_r$ = Einheitsvektor von $\vec{r}$ mit $\vec{e}_r = \frac{\vec{r}}{r}$

G = Gravitationskonstante

ε_0 = elektrische Feldkonstante

Drehimpuls eines Massenpunkts – Impulsmoment

$$\vec{L} = \vec{r} \times m\vec{v} = \vec{r} \times \vec{p}$$ vgl. hierzu Kapitel 12

m = Masse des Punktes

$\vec{r}$ = Ortsvektor des Massenpunkts

$\vec{v}$ = Bahngeschwindigkeit des Massenpunkts

$\vec{L}$ = Drehimpuls des Massenpunkts in Bezug auf den Ursprung des Ortsvektors $\vec{r}$

Sonderfall (Kreisbewegung r = const, $\vec{r} \perp \vec{v}$, $v = \omega r$):

$$L = mrv = mr^2\omega$$

ω = Winkelgeschwindigkeit; $\omega = 2\pi f$

f = Umlauffrequenz, Drehzahl

Bewegt sich ein Massenpunkt unter dem Einfluss einer Zentralkraft, so ist der Drehimpuls eine Erhaltungsgröße. Es gilt der Drehimpulserhaltungssatz. ■

$$\vec{L} = \text{const}$$ vgl. hierzu Kapitel 12

(Die Punktmasse bewegt sich in einer Ebene, deren Normale die Richtung von $\vec{L}$ hat.)

Der Drehimpulserhaltungssatz enthält den **Flächensatz,** der besagt, dass der Ortsvektor vom Kraftzentrum zum Massenpunkt in gleichen Zeiten gleiche Flächen überstreicht (2. Kepler'sches Gesetz):

$$\frac{\mathrm{d}A}{\mathrm{d}t} = \frac{L}{2m} = \text{const}$$

$\frac{\mathrm{d}A}{\mathrm{d}t}$ = Flächengeschwindigkeit, d. h. auf die Zeit bezogene Änderung der Fläche, die der Ortsvektor überstreicht

Bewegung im Gravitationsfeld

Der Ablauf der Bewegung im Zentralfeld kann mit Drehimpuls- und Energieerhaltungssatz bestimmt werden.

$$mrv\sin\alpha = L = \text{const}$$

$$\frac{m}{2}v^2 - G\frac{m_0 m}{r} = E = \text{ const}$$

m_0 = Masse des Zentralgestirns
m = Planetenmasse
r = Betrag des Ortsvektors
v = Betrag des Bahngeschwindigkeitsvektors
G = Gravitationskonstante
α = Winkel zwischen Ortsvektor und Vektor der Bahngeschwindigkeit
E = Gesamtenergie; $E_{\text{p}}(r \to \infty) = 0$
L = Betrag des Drehimpulsvektors

Die Bahnen der Körper im Gravitationsfeld haben die Gestalt von Kegelschnitten. Die spezielle Form ist durch die Energie bestimmt:

$E < 0$ Ellipse (1. Kepler'sches Gesetz)

$E = 0$ Parabel

$E > 0$ Hyperbel

Der Ort größter Annäherung der Punktmasse an das Kraftzentrum heißt **Perizentrum.** Die Ellipse hat außerdem einen Ort der größten Entfernung vom Kraftzentrum, das **Apozentrum.**

$$E = -G\frac{m_0 m}{2r} = -G^2\frac{m_0^2 m^3}{2L^2}$$ Kreisbahn als Sonderfall der Ellipse

Zwischen den großen Halbachsen a der Ellipsenbahnen und den Umlaufzeiten T der Punktmasse besteht die Beziehung

$$\frac{a^3}{T^2} = \frac{G}{4\pi^2}(m_0 + m) = \text{ const} \quad \text{(3. Keplersches Gesetz)}$$

Wenn $m \ll m_0$, aber m berücksichtigt werden soll.

11 Statik

Starrer Körper

Der starre Körper verändert seine Gestalt auch unter dem Einfluss von Kräften nicht; die **Dichte**

$$\varrho = \frac{\mathrm{d}m}{\mathrm{d}V},$$

die örtlich verschieden sein kann, bleibt konstant. Für einen homogenen Körper ist

$$\varrho = \frac{m}{V}$$

Drehmoment

$$\vec{M} = \vec{r} \times \vec{F}$$

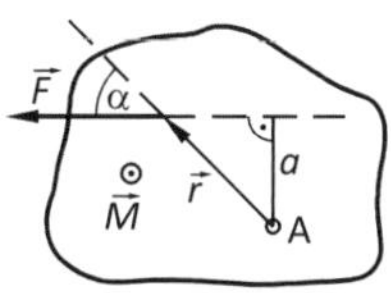

$\vec{r}$ = Ortsvektor vom Bezugspunkt A zum Angriffspunkt der Kraft

$\vec{F}$ = auf den Körper wirkende Kraft; linienflüchtig (kann also längs der Wirkungslinie verschoben werden)

$\vec{M}$ = Drehmoment; axialer Vektor; flächenflüchtig (kann also in der Ebene, auf der er senkrecht steht, verschoben werden)

Die Wirkung einer Kraft auf einen starren Körper ist von der Richtung der Kraft und von der Lage des Angriffs- und des Drehpunktes abhängig.

Betrag des Drehmomentes

$$M = Fr\sin\alpha = Fa$$

α = Winkel zwischen den Richtungen von $\vec{r}$ und $\vec{F}$

a = Abstand der Wirkungslinie der Kraft vom Bezugspunkt (Hebelarm)

Gleichgewicht

Ein starrer Körper befindet sich im Gleichgewicht, wenn sowohl

$$\sum_{k=1}^{N} \vec{F}_k = 0$$

als auch

$$\sum_{k=1}^{N} \vec{M}_k = 0$$

gilt.

Eine allgemeinere Gleichgewichtsbedingung liefert das Minimum der potentiellen Energie E_p (hier nur für einen Freiheitsgrad, der durch die Koordinate x beschrieben wird):

$$\frac{\mathrm{d}E_\mathrm{p}}{\mathrm{d}x} = 0$$

Dazu die Stabilitätskriterien:

$$\frac{\mathrm{d}^2E_\mathrm{p}}{\mathrm{d}x^2} \begin{rcases} > 0 \text{ stabiles} \\ = 0 \text{ indifferentes} \\ < 0 \text{ labiles} \end{rcases} \text{Gleichgewicht}$$

12 Rotation starrer Körper

Bewegung des starren Körpers

Ein starrer Körper hat drei **Freiheitsgrade** der Translation (lineare Koordinaten) und drei Freiheitsgrade der Rotation (ebene Winkel). Sonderfall (Drehung um eine raumfeste Achse):

Winkel	$\varphi = \varphi(t)$
Winkelgeschwindigkeit	$\omega = \frac{\mathrm{d}\varphi}{\mathrm{d}t} = \dot{\varphi}$
Winkelbeschleunigung	$\alpha = \frac{\mathrm{d}\omega}{\mathrm{d}t} = \frac{\mathrm{d}^2\varphi}{\mathrm{d}t^2} = \dot{\omega} = \ddot{\varphi}$

$\vec{\omega}, \vec{\alpha}$ = Vektoren in Richtung der Drehachse (axiale Vektoren; Richtungssinn ist durch die Rechtsschraubenregel festgelegt

Bewegungsgleichung der Rotation – Massenträgheitsmoment

Wirkt auf einen starren Körper ein Drehmoment $\vec{M} = \vec{r} \times \vec{F}$, so erfährt er die Winkelbeschleunigung $\vec{\alpha}$. Der Betrag der Winkelbeschleunigung hängt vom Drehmoment und der Verteilung der Massenelemente des Körpers um die Drehachse A ab. Diese Verteilung wird vom Massenträgheitsmoment J_A erfasst. Newton'sches Grundgesetz der Rotation für eine Drehung um eine **raumfeste Achse:**

$$M_A = J_A \alpha$$

Berechnung des Trägheitsmoments:

$$J_A = \int r^2 \, dm$$

dm = Massenelement des Körpers mit dem Volumenelement dV; $dm = \rho \, dV$; ρ Dichte

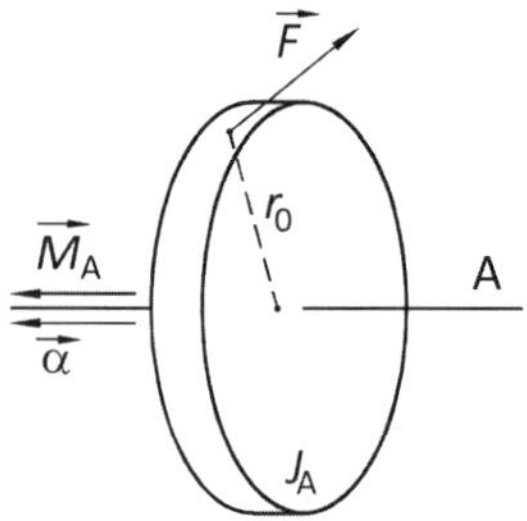

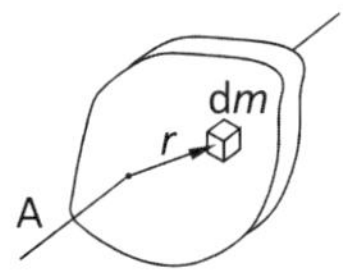

Geeignetes (der Körperform angepasstes) Koordinatensystem verwenden. Integrationsgrenzen so wählen, dass über alle Volumenelemente des Körpers summiert werden kann.

Satz von Steiner

$$J_A = J_S + ms^2$$

J_A = Trägheitsmoment um die Drehachse A des Körpers

J_S = Trägheitsmoment um die Achse S durch den Schwerpunkt (Massenmittelpunkt) des Körpers. Die Achsen A und S liegen parallel zueinander.

m = Masse des Drehkörpers

s = Abstand der Achsen A und S voneinander

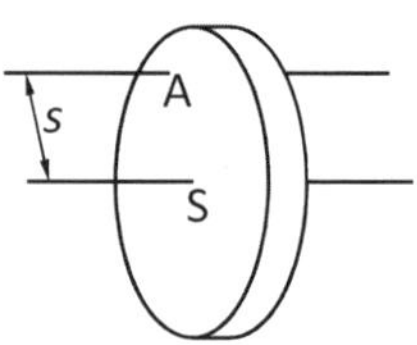

Spezielle Trägheitsmomente

Körper	J_S	Bezugsachse
Vollzylinder	$\frac{1}{2}mr^2$	Figurenachse
Hohlzylinder (dünnwandig)	mr^2	Figurenachse
Vollkugel	$\frac{2}{5}mr^2$	Achse durch Kugelmitte
Hohlkugel (dünnwandig)	$\frac{2}{3}mr^2$	Achse durch Kugelmitte
Stab (dünn)	$\frac{1}{12}ml^2$	Mittelsenkrechte
Punktmasse auf einer Kreisbahn	mr_0^2	Mittelsenkrechte der Kreisbahn

m = Körpermasse
r = Außenradius des Körpers
l = Länge des Stabes
r_0 = Radius der Kreisbahn

Drehimpuls

Definition des Drehimpulses $\vec{L}_A$ eines starren Körpers bei Drehung um eine raumfeste Achse A:

$$\vec{L}_A = J_A \vec{\omega}$$

J_A = Trägheitsmoment des Körpers um die Achse A
$\vec{\omega}$ = Winkelgeschwindigkeit; $\omega = 2\pi f$; f Frequenz (Drehzahl)

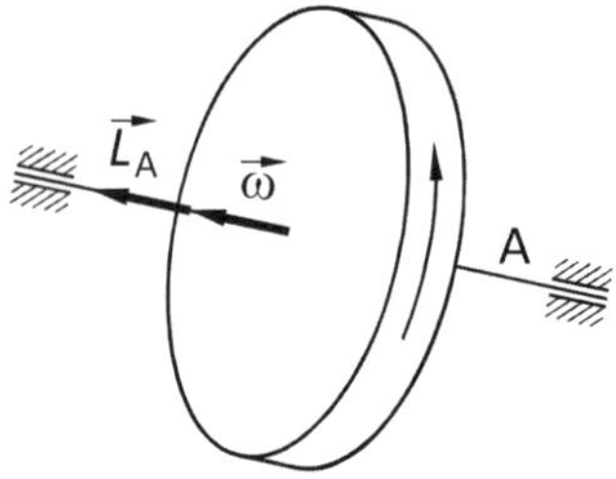

Bewegungsgleichung bei veränderlichem Trägheitsmoment

Ändert sich das Trägheitsmoment während der Drehung, so trifft die Bezeichnung „starrer Körper" nicht mehr zu. Im Grundgesetz wird das wie folgt berücksichtigt:

$$M_A = \frac{d}{dt}(J_A \omega) = \frac{d}{dt} L_A = \dot{L}_A$$

Es gilt allgemein:

Wirkt ein äußeres Drehmoment, so wird der Drehimpuls geändert.

Drehimpulserhaltungssatz

Wirkt kein äußeres Drehmoment auf einen Drehkörper, so bleibt der Drehimpuls konstant.

$$\vec{L} = \text{const, wenn } \vec{M} = 0$$

Dieser Erhaltungssatz gilt auch, wenn sich die Gestalt (das Trägheitsmoment) des Körpers ändert.

Er trifft auch zu für ein System von mehreren Drehkörpern:

$$\sum_k L_{Ak} = \sum_k J_{Ak}\,\omega_k = \text{const, wenn } \sum_k M_{Ak} = 0$$

$k = 1, 2, \ldots, N$

Index A: raumfeste Achse

Impulsmoment

Ein Massenpunkt, der sich mit der Geschwindigkeit $\vec{v}$ um einen festen Bezugspunkt A bewegt, hat den Drehimpuls

$$\vec{L}_{\mathrm{A}} = \vec{r} \times m\vec{v} = \vec{r} \times \vec{p} \quad \text{vgl. hierzu Kapitel 10}$$

Dieser Ausdruck wird auch Impulsmoment genannt.

m = Masse des Punktes

$\vec{r}$ = Ortsvektor vom Bezugspunkt zum Massenpunkt

$\vec{v}$ = Vektor der Bahngeschwindigkeit des Massenpunkts

Betrag des Impulsmomentes

$$L_{\mathrm{A}} = mrv\sin\alpha$$

α = Winkel zwischen $\vec{r}$ und $\vec{v}$

Präzessionsbewegung des Kreisels

Ein Kreisel kann bei kardanischer Aufhängung jede beliebige Achsenlage einnehmen. Wirkt ein Drehmoment mit einer Komponente senkrecht zur Drehachse, so ändert sich die Richtung des Drehimpulsvektors.

$$\vec{M} = \frac{\mathrm{d}\vec{L}}{\mathrm{d}t} = \dot{\vec{L}}$$

Die Änderung des Drehimpulses ($\mathrm{d}\vec{L}$) hat den Richtungssinn des wirkenden Drehmomentes ($\vec{M}$). Es kommt zu einer Präzessionsbewegung.

Im Sonderfall (schnelllaufender Kreisel) folgt der Drehkörper nicht der

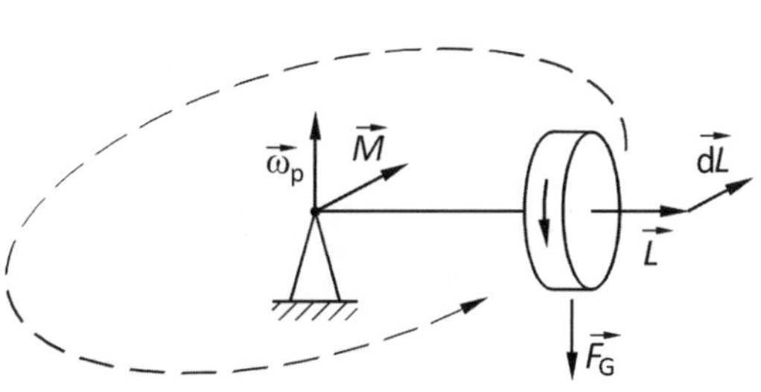

Gewichtskraft $\vec{F}_G$, sondern weicht rechtwinklig dazu in horizontaler Richtung aus (Präzession).

Präzessionskreisfrequenz:

$$\omega_p = \frac{mgs}{J_S \omega} = \frac{M}{L}$$

m = Masse des Kreisels

s = horizontaler Abstand des Massenmittelpunktes = des Kreisels vom Auflagepunkt

J_S = Massenträgheitsmoment des Kreisels

$\omega = 2\pi f$ = Kreisfrequenz, f Frequenz (Drehzahl) des Kreisels

Gegenüberstellung Translation – Rotation

Translation in *x*-Richtung	Rotation um eine feste Achse A
$x = x(t)$	$\varphi = \varphi(t)$
$v_x = \dot{x}$	$\omega = \dot{\varphi}$
$a_x = \dot{v}_x = \ddot{x}$	$\alpha = \dot{\omega} = \ddot{\varphi}$
$x = \frac{a_x}{2} t^2 + v_{x0} t + x_0$	$\varphi = \frac{\alpha}{2} t^2 + \omega_0 t + \varphi_0$
m	J_A
F_x	M_A
$F_x = m a_x$	$M_A = J_A \alpha$
$E_k = \frac{m}{2} v_x^2$	$E_k = \frac{J_A}{2} \omega^2$
$W = \int F_x \, dx$	$W = \int M_A \, d\varphi$
$p = m v_x$	$L_A = J_A \omega$
$p_x - p_{x0} = \int F_x \, dt$	$L_A - L_{A0} = \int M_A \, dt$
$P = F_x v_x$	$P = M_A \omega$
Impulserhaltungsssatz $\Sigma F_x = 0 \quad p_x = \text{const}$	Drehimpulserhaltungssatz $\Sigma M_A = 0 \quad L_A = \text{const}$

Translation in *x*-Richtung	Rotation um eine feste Achse A
Federkraft (Hooke'sches Gesetz) $F_x = -kx$ mit Federkonstante k	Torsionsmoment $M_A = -k_t\varphi$ mit Drehfederkonstante k_t
Federenergie $E_p = \frac{k}{2}x^2$	Torsionsenergie $E_p = \frac{k_t}{2}\varphi^2$
Federschwingung $T_0 = 2\pi\sqrt{\frac{m}{k}}$	Torsionsschwingung $T_0 = 2\pi\sqrt{\frac{J_A}{k_t}}$
mathematisches Pendel $T_0 = 2\pi\sqrt{\frac{l}{g}}$	physikalisches Pendel $T_0 = 2\pi\sqrt{\frac{l^*}{g}}$ mit der reduzierten Pendellänge $l^* = \frac{J_A}{ms}$ s: Abstand vom Aufhängepunkt zum Schwerpunkt

13 Beschleunigtes Bezugssystem

Allgemeine Trägheitskraft oder Scheinkraft

$$\vec{F}_\mathrm{T} = -m\vec{a}$$

m = Masse des Körpers

$\vec{a}$ = Beschleunigung des Bezugssystems, in dem sich der Körper befindet

$\vec{F}_\mathrm{T}$ = Trägheitskraft, die auf den Körper auf Grund der Beschleunigung des Bezugssystems wirkt

Zentrifugalkraft

$$\vec{F}_\mathrm{Z} = m(\vec{\omega} \times \vec{r}) \times \vec{\omega}$$

oder in Polarkoordinaten

$$F_\mathrm{Z} = m\omega^2 r$$

m = Masse des Körpers

$\vec{\omega}$ = Winkelgeschwindigkeit, mit der das Bezugssystem rotiert, in dem sich der Körper befindet

$\vec{r}$ = Ortsvektor zum Massenpunkt m, Ursprung auf der Drehachse

r = senkrechter Abstand des Körners der Masse m von der Drehachse (i. allg. nicht Betrag von $\vec{r}$)

$\vec{F}_\mathrm{Z}$ = Trägheitskraft, die auf den Körper auf Grund der Rotation des Bezugssystems wirkt

Corioliskraft

$$\vec{F}_{C} = 2m(\vec{v}' \times \vec{\omega})$$

m = Masse des Körpers

$\vec{\omega}$ = Winkelgeschwindigkeit, mit der das Bezugssystem rotiert, in dem sich der Körper befindet

$\vec{v}'$ = Geschwindigkeit, mit der sich der Körper relativ zum rotierenden Bezugssystem bewegt

$\vec{F}_{C}$ = Trägheitskraft, die auf den Körper auf Grund seiner Bewegung im rotierenden Bezugssystem wirkt. $\vec{F}_{Z}$ wirkt außerdem auf ihn.

14 Spezielle Relativitätstheorie

Relativitätsprinzip

Alle Inertialsysteme sind gleichberechtigt, nur ihre Relativgeschwindigkeit ist feststellbar

Lichtgeschwindigkeit

Die Lichtgeschwindigkeit hat in allen Inertialsystemen den gleichen Wert c.

Lorentz-Transformation

$$x = \frac{x' + vt'}{\sqrt{1 - \left(\frac{v}{c}\right)^2}} \qquad t = \frac{t' + \frac{v}{c^2}x'}{\sqrt{1 - \left(\frac{v}{c}\right)^2}}$$

$$y = y'$$

$$z = z'$$

x, y, z = Ortskoordinaten eines Körpers im Koordinatensystem Σ

t = Zeit im Koordinatensystem Σ

x', y', z' = Ortskoordinaten im Koordinatensystem Σ' für den gleichen Körper; Ursprung und Achsen der Systeme Σ und Σ' sind zur Zeit $t = t' = 0$ deckungsgleich. Σ' bewegt sich in positiver x-Richtung gegenüber Σ.

t' = die vom Beobachter in Σ' registrierte Zeit

v = Relativgeschwindigkeit, mit der sich Σ' gegenüber Σ bewegt

c = Lichtgeschwindigkeit (Vakuum)

Die Lorentz-Transformation verknüpft die Ort-Zeit-Koordinaten des gleichen Ereignisses in zwei verschiedenen Inertialsystemen Σ und Σ' miteinander. Innerhalb eines Inertialsystems gilt an jedem Ort die gleiche Zeit.

Rücktransformation:

Sollen die Koordinaten von Σ' durch die von Σ ausgedrückt werden, so sind die gestrichenen und die ungestrichenen Koordinaten gegeneinander auszutauschen (Relativitätsprinzip), und v geht in $-v$ über. Das gilt auch für die folgenden Formeln.

Längenkontraktion

$$\Delta x = \Delta x' \sqrt{1 - \left(\frac{v}{c}\right)^2} < \Delta x'$$

$\Delta x'$ = Länge eines Körpers (der im System Σ' ruht), die ein in Σ' befindlicher Beobachter feststellt

Δx = Länge, die ein in Σ befindlicher Beobachter von einem Körper feststellt, der in Σ' ruht und dort die Länge $\Delta x'$ hat

v = Relativgeschwindigkeit, mit der sich das System Σ' gegenüber dem System Σ bewegt

c = Lichtgeschwindigkeit

Ein Körper, der im System Σ' ruht und dort die Länge $\Delta x'$ hat, erscheint dem Beobachter im System Σ auf den Wert Δx verkürzt.

Zeitdilatation

$$\Delta t = \frac{\Delta t'}{\sqrt{1 - \left(\frac{v}{c}\right)^2}} > \Delta t'$$

$\Delta t'$ = Dauer eines Zeitintervalls, das ein Beobachter im System Σ' feststellt

Δt = Dauer des gleichen Zeitintervalls, das ein Beobachter im System Σ feststellt

v = Relativgeschwindigkeit, mit der sich das System Σ' gegenüber dem System Σ bewegt

c = Lichtgeschwindigkeit

Ein Zeitintervall, das im System Σ' die Dauer $\Delta t'$ hat, erscheint dem Beobachter im System Σ auf den Wert Δt gedehnt.

Additionstheoreme der Geschwindigkeiten

$$u_x = \frac{u'_x + v}{1 + \frac{u'_x v}{c^2}}; \; u_y = \frac{u'_y \sqrt{1-(v/c)^2}}{1 + \frac{u'_x v}{c^2}}; \; u_z = \frac{u'_z \sqrt{1-(v/c)^2}}{1 + \frac{u'_x v}{c^2}}$$

u'_x, u'_y, u'_z = Geschwindigkeitskomponenten, mit denen sich ein Körper im System Σ' bewegt

u_x, u_y, u_z = Geschwindigkeitskomponenten des gleichen Körpers, die vom System Σ aus festgestellt werden

v = Relativgeschwindigkeit, mit der sich das System Σ' gegenüber dem System Σ in x-Richtung bewegt

c = Lichtgeschwindigkeit

Relativistische Masse

$$m = \frac{m_0}{\sqrt{1-\left(\frac{v}{c}\right)^2}}$$

m_0 = Ruhemasse, die ein Beobachter feststellt, wenn der Körper in seinem System die Geschwindigkeit null hat, also ruht

m = träge Masse, die ein Körper der Ruhemasse m_0 hat, der sich gegenüber dem Beobachter bewegt

v = Relativgeschwindigkeit, mit der sich der Körper mit der Ruhemasse m_0 gegenüber dem Beobachter bewegt

c = Lichtgeschwindigkeit

Bewegungsgleichung

$$\vec{F} = \frac{\mathrm{d}}{\mathrm{d}t}(m\vec{v}) = \frac{\mathrm{d}\vec{p}}{\mathrm{d}t}$$

m = träge Masse eines Körpers

$\vec{v}$ = Relativgeschwindigkeit des Körpers gegenüber dem Beobachter

$\vec{p}$ = Impuls des Körpers, wobei $\vec{p} = m\vec{v}$ gilt

Es handelt sich hier um das 2. Newton'sche Axiom, das für den Grenzfall konstanter Masse in das Grundgesetz $\vec{F} = m\vec{a}$ übergeht.

Einstein'sche Masse-Energie-Äquivalenz

$$E = mc^2$$

m = träge Masse eines Körpers (hängt von seinem Bewegungszustand, d. h. seiner Geschwindigkeit ab)

c = Lichtgeschwindigkeit

E = Gesamtenergie des Körpers der trägen Masse m

Ruhenergie

$$E_0 = m_0 c^2$$

m_0 = Ruhemasse eines Körpers (bei Geschwindigkeit $v = 0$)

c = Lichtgeschwindigkeit

E_0 = Ruhenergie

Kinetische Energie

$$E_\text{k} = (m - m_0)c^2$$

m = träge Masse eines Körpers bei der Geschwindigkeit v

m_0 = Ruhemasse dieses Körpers

c = Lichtgeschwindigkeit

E_k = kinetische Energie eines Körpers, der die Ruhmasse m_0 und die Geschwindigkeit v hat

Energie-Impuls-Beziehung

$$E = c\sqrt{(m_0 c)^2 + p^2} \text{ oder } p^2 = \left(\frac{E}{c}\right)^2 - (m_0 c)^2$$

m_0 = Ruhemasse des Körpers

p = Impuls dieses Körpers

c = Lichtgeschwindigkeit

E = Gesamtenergie des Körpers

15 Verformung fester Körper

Für Kräfte, die über die Oberfläche auf einen Körper einwirken, wird das Verhältnis $\frac{\text{Kraft}}{\text{Fläche}}$ als **Spannung** definiert. Eine Kraft $\vec{F}$ beliebiger Richtung hat eine Normalkomponente $\vec{F}_\text{n}$ und eine Tangentialkomponente $\vec{F}_\text{t}$ zur Körperoberfläche:

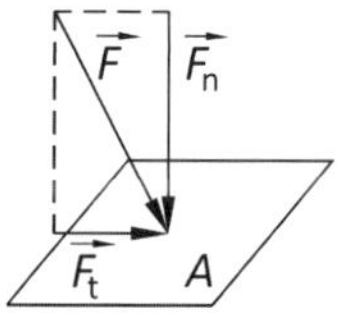

Normalspannung

$$\sigma = \frac{F_\text{n}}{A}$$

Tangentialspannung

$$\tau = \frac{F_\text{t}}{A}$$

Bruchspannung (Zerreißfestigkeit)

$$\sigma_\text{B} = \frac{F_\text{n,max}}{A}$$

$F_\text{n,max}$ = Zugkraft, die das Zerreißen eines Stabes vom Querschnitt A verursacht

Hooke'sches Gesetz – Dehnung

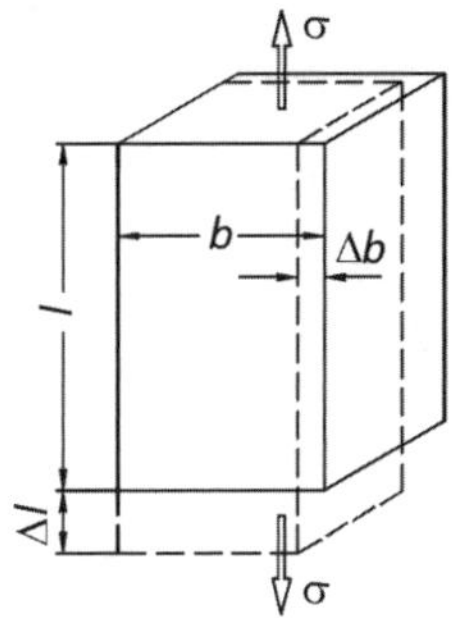

$$\sigma = E\varepsilon = E\frac{\Delta l}{l}$$

σ = Normalspannung, hier Zugspannung (F_n ist bei Dehnung von der Fläche weg gerichtet)

ε = Dehnung

E = Elastizitätsmodul (Materialkonstante)

l = ursprüngliche Länge des Körpers

Δl = elastische Längenänderung

Querkontraktion

$$\frac{\Delta b}{b} = -\mu\frac{\Delta l}{l} \text{ oder } \varepsilon_q = -\mu\varepsilon$$

l = ursprüngliche Länge

Δl = elastische Längenänderung

b = ursprüngliche Breite (Dicke)

Δb = elastische Breitenänderung

μ = Poisson-Zahl (Materialkonstante)

Die Querkontraktion tritt im Zusammenhang mit der Dehnung auf (s. Bild bei Dehnung).

Kompression

$$\frac{\Delta V}{V} = -\frac{p}{K}$$

V = ursprüngliches Volumen
ΔV = Volumenänderung
p = Druck; wirkt die Normalspannung allseitig, so heißt sie Druck
K = Kompressionsmodul (Materialkonstante)

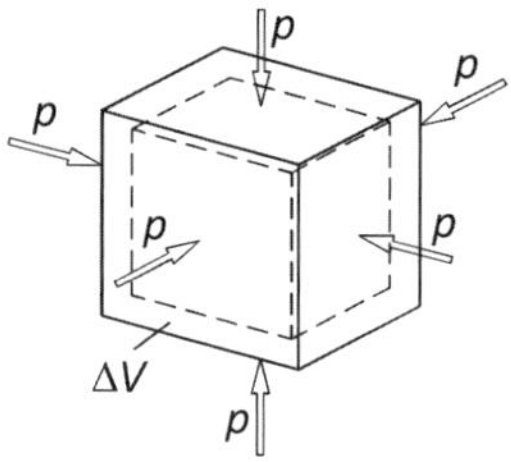

Scherung

$$\gamma = \frac{\tau}{G}$$

τ = Tangentialspannung, wird hier als Schubspannung bezeichnet
G = Schubmodul (Materialkonstante)
γ = Scherungswinkel

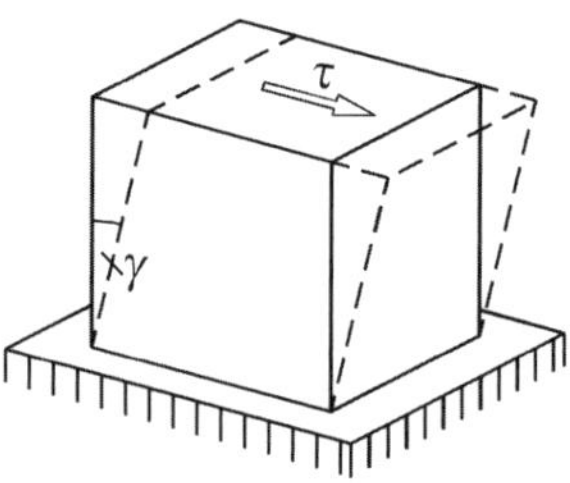

Bei isotropen Stoffen bestehen zwischen den Materialkonstanten folgende Zusammenhänge:

$$K = \frac{E}{3(1-2\mu)} \quad G = \frac{E}{2(1+\mu)} \quad 0 < \mu < \frac{1}{2}$$

Bereits durch zwei der vier elastischen Konstanten werden die elastischen Materialeigenschaften vollständig beschrieben.

Biegung eines Trägers – Biegungspfeil

$$\delta = \frac{1}{3}\frac{l^3}{EI}F$$

I = Axiales Flächenmoment 2. Ordnung

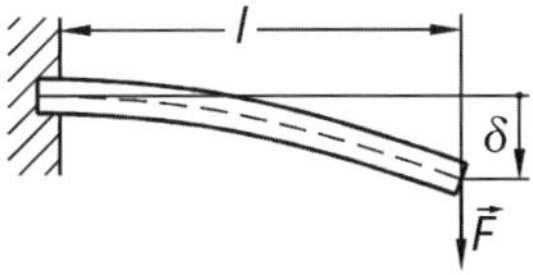

$$I = \int_A \eta^2 \mathrm{d}A$$

E = Elastizitätsmodul (Materialkonstante)

A = Querschnittsfläche des Trägers

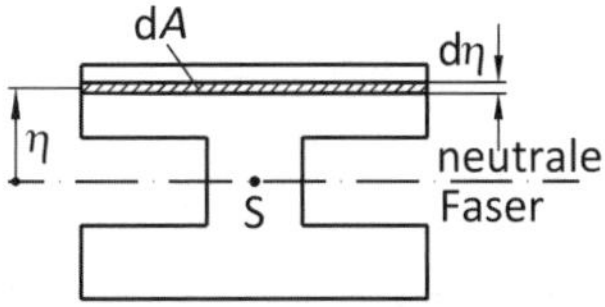

Torsion (Drillung) eines Zylinders

$$\varphi = \frac{2l}{\pi r^4 G} M_t = M_t / k_t$$

M_t = verformendes Torsionsmoment
G = Schubmodul (Materialkonstante)
k_t = Torsionsfederkonstante

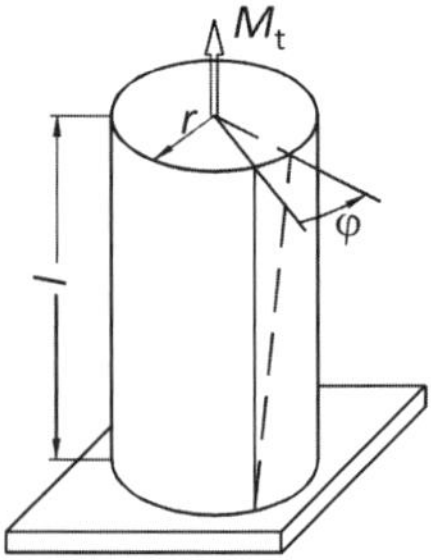

Knickung eines Stabes – Euler'scher Grenzwert

$$F_E = \frac{\pi^2 E I}{l^2}$$

I = Axiales Flächenmoment 2. Ordnung
E = Elastizitätsmodul

Beim Überschreiten der Kraft F_E knickt der Stab nach der Seite aus.

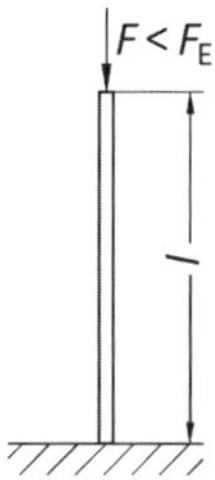

16 Ruhende Flüssigkeiten und Gase

Druck

$$p = \frac{F}{A} \qquad [p] = \frac{\mathrm{N}}{\mathrm{m}^2} = \mathrm{Pa} \qquad 10^5\ \mathrm{Pa} = 1\ \mathrm{bar}$$

$$\mathrm{d}\vec{F} = p\,\mathrm{d}\vec{A}$$

F = Kraft (Betrag); $\vec{F}$ Kraftvektor
A = Angriffsfläche der Kraft
$\mathrm{d}\vec{A}$ = infinitesimale Flächennormale (Vektor); $\mathrm{d}\vec{A} \parallel \mathrm{d}\vec{F}$

Schweredruck

$$p = \varrho g h$$

$$p_2 - p_1 = -\varrho g (z_2 - z_1)$$

$$\mathrm{d}p = -\varrho\,\mathrm{g}\,\mathrm{d}z$$

p = Schweredruck der Flüssigkeit; $p = p_1 - p_2$
$p_1 - p_2$ = Schweredruck der Flüssigkeitssäule
z = Koordinate; positiv nach oben
h = Höhe der Flüssigkeitssäule; $h = z_2 - z_1$
ϱ = Dichte der Flüssigkeit
g = Fallbeschleunigung

Barometrische Höhenformel

$$p(z) = p_1 \mathrm{e}^{-\varrho_0 g (z - z_1)/p_0} \qquad \text{(für konstante Temperatur)}$$

z = Koordinate; positiv nach oben
$p(z)$ = aerostatischer oder pneumostatischer Druck in der Höhe z
p_1 = Druck in der Höhe z_1 (unteres Ende der Gassäule)
p_0 = Bezugsdruck; Druck in der Höhe z_0
ϱ_0 = Dichte an der Stelle der Gassäule mit dem Druck p_0
g = Fallbeschleunigung

Auftrieb

$$\overrightarrow{F_\mathrm{A}} = -m_\mathrm{Fl}\vec{g} \qquad \text{Archimedisches Prinzip}$$

$\vec{F}_\mathrm{A}$ = Auftriebskraft oder Auftrieb
m_Fl = Masse der verdrängten Flüssigkeit
$\vec{g}$ = Fallbeschleunigungsvektor

Die Auftriebskraft oder der Auftrieb greift an demjenigen Punkt des eingetauchten Körpers an, an dem sich der Schwerpunkt der noch nicht verdrängten Flüssigkeit befand. Der Auftrieb hat den Betrag der Gewichtskraft der verdrängten Flüssigkeit, jedoch die entgegengesetzte Richtung. ■

17 Strömung der idealen Flüssigkeit

Die ideale Flüssigkeit wird als strukturlos, inkompressibel und frei von innerer Reibung vorausgesetzt.

Gase können als inkompressibel angesehen werden, wenn die strömungsbedingten Druckunterschiede gegenüber dem Absolutwert des statischen Druckes klein sind.

Kontinuitätsgleichung

$$\dot{V} = \frac{\mathrm{d}V}{\mathrm{d}t} = A_1 v_1 = A_2 v_2$$

$\dot{V}$ = Volumenstrom

A = Querschnitt der Stromröhre, der an den Stellen (1) und (2) verschieden sein kann

v_1, v_2 = Geschwindigkeiten an diesen Stellen der Stromröhre; im jeweiligen ganzen Querschnitt wird die Geschwindigkeit als einheitlich aufgefasst.

Ist $\dot{V}$ zeitlich konstant, so heißt die Strömung **stationär.**

Mechanische Arbeit

$$W = \int_V p \, \mathrm{d}V$$

W = Arbeit, die die Flüssigkeit oder das Gas nach außen abgibt

$\mathrm{d}V$ = Änderung des Flüssigkeits- oder Gasvolumens

p = statischer Druck

W' = Arbeit, die die Flüssigkeit oder das Gas von außen empfängt; $W' = -W$

Bernoulli'sche Gleichung

$$p_1 + \varrho g z_1 + \frac{1}{2}\varrho v_1^2 = p_2 + \varrho g z_2 + \frac{1}{2}\rho v_2^2 = \text{const}$$

oder

$$p + \varrho g z + \frac{1}{2}\varrho v^2 = p_{\text{ges}} = \text{const}$$

p = statischer Druck

$\varrho g z$ = potenzielle Energie, dividiert durch Volumen; Druckgröße; z-Koordinate nach oben positiv

$\varrho v^2/2$ = Staudruck, kinetische Energie durch Volumen

p_{ges} = Gesamtdruck

Sonderfall (Stromröhre horizontal; $z = z_0$):

$$p + \frac{1}{2}\varrho v^2 = p_{\text{ges}}$$

p = statischer Druck

ϱ = Dichte

v = mittlere Geschwindigkeit

p_{ges} = Gesamtdruck

18 Strömung realer Flüssigkeiten und Gase

Newton'sches Reibungsgesetz

$$F_R = \eta A \frac{dv}{dh}$$

F_R = tangentiale Reibungskraft zwischen zwei aneinander grenzenden Flüssigkeits- oder Gasschichten der laminaren Strömung

η = dynamische Viskosität oder Zähigkeit, $[\eta]$ = Pa s

A = Grenzfläche zwischen den Schichten

$\frac{dv}{dh}$ = Geschwindigkeitsgefälle (bzw. -anstieg) rechtwinklig zur Strömungsrichtung

oder

$$dF_R = \eta dA \frac{dv}{dh}$$

$$\tau = \eta \frac{dv}{dh}$$

τ = Schubspannung; $\tau = dF_R/dA$

Gesetz von Hagen und Poiseuille für die laminare Strömung durch ein Rohr

$$F_R = 8\pi\eta l\overline{v}$$

F_R = Reibungskraft, die bei der Strömung tangential auf die Wandfläche $A = 2\pi rl$ übertragen wird und die sich aus der Druckdifferenz Δp am Anfang und am Ende des betrachteten Rohrstückes der Länge l ergibt

l = Länge des betrachteten Rohrstückes

$\overline{v}$ = mittlere Geschwindigkeit, die sich aus Volumenstrom und Querschnittsfläche ergibt

η = dynamische Viskosität

oder

$$\tau = \frac{16}{\mathrm{Re}}\left(\frac{1}{2}\varrho\overline{v}^2\right)$$

τ = Schubspannung an der Rohrwand; $\tau = F_R/(2\pi r l)$;

r = Rohrradius

l = Rohrlänge

$\frac{1}{2}\varrho\overline{v}^2$ = Staudruck

ϱ = Dichte des strömenden Mediums

Re = Reynolds-Zahl; $\mathrm{Re} = 2r\overline{v}\varrho/\eta$

Volumenstrom nach Hagen-Poiseuille

$$\dot{V} = \frac{\pi r^4 \Delta p}{8\eta l}$$

$\dot{V}$ = Volumenstrom: $\dot{V} = \overline{v}A$

r = Rohrradius

Δp = Druckgefälle

l = Rohrlänge

η = dynamische Viskosität

Gesetz für die turbulente Strömung durch ein Rohr

$$\tau = \frac{0{,}0791}{\sqrt[4]{\mathrm{Re}}}\left(\frac{1}{2}\varrho\overline{v}^2\right)$$

τ = Schubspannung

Re = Reynolds-Zahl

ϱ = Dichte

$\overline{v}$ = mittlere Geschwindigkeit

Wirbelentstehung bei Re ≈ 1100;

turbulente Fließform bei Re ≥ 2300

Gesetz von Stokes für die laminare Umströmung einer glatten Kugel

$$F_R = 6\pi\eta r v$$

F_R = Widerstandskraft in Strömungsrichtung

η = dynamische Viskosität oder Zähigkeit der Flüssigkeit oder des Gases

r = Kugelradius

v = Geschwindigkeit des Mediums in großem Abstand von der Kugel

Das Gesetz gilt auch für die bewegte Kugel im ruhenden Medium. Dafür ist

v = Geschwindigkeit der bewegten Kugel im weiträumigen Medium

F_R = Widerstandskraft entgegen der Bewegungsrichtung

oder

$$F_R = \frac{24}{\text{Re}}\left(\pi r^2\right)\left(\frac{1}{2}\varrho v^2\right)$$

Re = Reynolds-Zahl; Re $= 2rv\varrho/\eta$

ϱ = Dichte

πr^2 = Kugelquerschnitt; dieser gilt als angeströmte Querschnittsfläche oder Stirnfläche

$\frac{1}{2}\varrho v^2$ = Staudruck

Das Stokes'sche Gesetz gilt streng für sehr kleine Geschwindigkeiten; es gilt recht gut für Re ≤ 4.

Widerstandskraft turbulent umströmter Körper

$$F_W = c_W A \left(\frac{1}{2} \varrho v^2 \right)$$

F_W = Widerstandskraft in Strömungsrichtung oder Antriebskraft zur Aufrechterhaltung der Geschwindigkeit des Körpers im ruhenden, weiträumigen Medium

ϱ = Dichte der Flüssigkeit oder des Gases

A = Schatten- oder Projektionsfläche des umströmten körpers

v = Geschwindigkeit des Mediums in großem Abstand vom Körper oder Geschwindigkeit des Körpers im ruhenden, weiträumigen Medium

c_W = Widerstandsbeiwert; abhängig von der Form des Körpers. Für Kugeln gilt $c_W \approx 0{,}4$ für $10^3 < \mathrm{Re} < 10^5$

Schwingungen und Wellen

19 Harmonische Schwingungen

Ort-Zeit-Funktion für die harmonische Schwingung eines Massenpunkts

$$x(t) = \hat{x}\cos(\omega_0 t + \varphi_0)$$

x = Koordinate, Auslenkung, Elongation aus der Ruhelage
$\hat{x}$ = Amplitude
ω_0 = Kreisfrequenz; $\omega_0 = 2\pi f_0 = 2\pi / T_0$
f_0 = Frequenz der ungedämpften Schwingung
T_0 = Periodendauer
φ_0 = Nullphasenwinkel
t_m = Zeitpunkt des Maximums der Kosinusfunktion

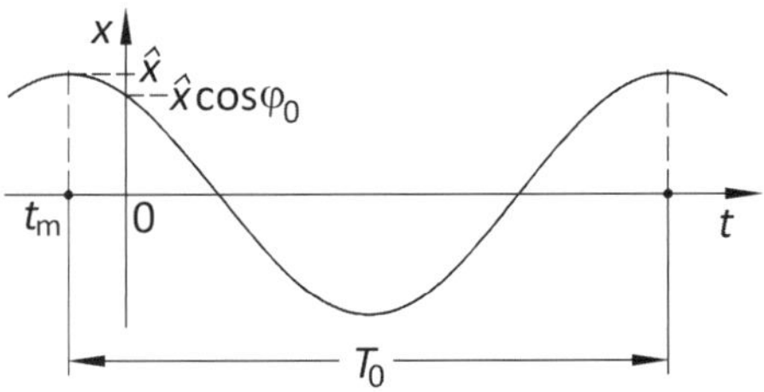

Der Massenpunkt ist häufig realisiert durch den Schwerpunkt des Körpers.

Ort-Zeit-Funktion für die harmonische Drehschwingung eines Körpers

$$\varphi(t) = \hat{\varphi}\cos(\omega_0 t + \beta_0)$$

φ = Koordinate (Winkelauslenkung in Bezug auf die Ruhelage bei gegebener Drehachse)
$\hat{\varphi}$ = Amplitude
ω_0 = Kreisfrequenz; $\omega_0 = 2\pi f_0 = 2\pi/T_0$
β_0 = Nullphasenwinkel

Eine Drehschwingung eines Körpers liegt auch dann vor, wenn sich ein Massenpunkt auf einem Kreisbogenstück periodisch bewegt.

Differenzialgleichung für die harmonische Schwingung eines Massenpunkts

$$\ddot{x} + \omega_0^2 x = 0$$

x = Koordinate
$\ddot{x}$ = Beschleunigung
ω_0 = Kreisfrequenz

Diese Differenzialgleichung beschreibt die Schwingung rein kinematisch, ohne Bezugnahme auf ein konkretes schwingungsfähiges System.

Differenzialgleichung für die harmonische Drehschwingung eines Körpers

$$\ddot{\varphi} + \omega_0^2 \varphi = 0$$

φ = Koordinate (Winkel)
$\ddot{\varphi}$ = Winkelbeschleunigung
ω_0 = Kreisfrequenz

Bewegungsgleichung für die harmonische Schwingung eines Massenpunkts

$$m\ddot{x} + kx = 0$$

x = Koordinate

$\ddot{x}$ = Beschleunigung

m = Masse

k = Federkonstante

kx = Kraft, mit der der Massenpunkt in seine Ruhelage bei $x_0 = 0$ gezogen wird.

Die Bewegungsgleichung (Newton'sches Grundgesetz der Mechanik) ist eine Differenzialgleichung, die die harmonische Schwingung unter Bezugnahme auf die Größen m und k des schwingungsfähigen Systems beschreibt.

Bewegungsgleichung für die harmonische Drehschwingung eines Körpers

$$J_A \ddot{\varphi} + k_t \varphi = 0$$

φ = Koordinate (Winkel)

$\ddot{\varphi}$ = Winkelbeschleunigung

J_A = Trägheitsmoment des Körpers in Bezug auf die Drehachse (A)

k_t = Drehfederkonstante der Torsionsfeder

$k_t\varphi$ = Drehmoment, mit dem der um den Winkel φ ausgelenkte Körper in seine Ruhelage zurückgedreht wird

Diese Bewegungsgleichung ist eine Differenzialgleichung, die die harmonische Drehschwingung unter Bezugnahme auf die Größen J_A und k_t des schwingungsfähigen Systems beschreibt.

Periodendauer ungedämpfter harmonischer Oszillatoren

Linearer Federschwinger oder Feder-Masse-System

$$T_0 = 2\pi \sqrt{\frac{m}{k}}$$

T_0 = Periodendauer

m = Masse des schwingenden Körpers (Massenpunkt)

k = Federkonstante

Drehpendel oder Torsionspendel

$$T_0 = 2\pi\sqrt{\frac{J_A}{k_t}}$$

J_A = Trägheitsmoment des Körpers in Bezug auf die raumfeste Drehachse (A)
k_t = Drehfederkonstante der Torsionsfeder

Mathematisches Pendel (Ausschlag $\varphi \ll 1$ rad)

$$T_0 = 2\pi\sqrt{\frac{l}{g}}$$

l = Fadenlänge
g = Fallbeschleunigung

Physikalisches Pendel ($\varphi \ll 1$ rad)

$$T_0 = 2\pi\sqrt{\frac{J_A}{mgs}}$$

J_A = Trägheitsmoment des Körpers in Bezug auf die raumfeste Drehachse (A)
m = Masse des schwingenden Körpers
g = Fallbeschleunigung
s = Abstand des Körperschwerpunktes von der Drehachse (A)

Mathematisches und physikalisches Pendel werden oft als **Schwerependel** oder einfach **Pendel** bezeichnet.

Elektrischer Schwingkreis

$$T_0 = 2\pi\sqrt{LC}$$

L = Induktivität
C = Kapazität

Schwingende Größe (Koordinate) ist hierbei die elektrische Stromstärke oder die Spannung.

20 Gedämpfte Schwingungen

Ort-Zeit-Funktion für die gedämpfte Schwingung eines Massenpunkts – Schwingfall

$$x = \hat{x}_0 \, e^{-\delta t} \cos(\omega_d t + \varphi_0)$$

x = Koordinate, Auslenkung, Elongation

φ_0 = Nullphasenwinkel

$\hat{x}_0 \cos\varphi_0$ = Auslenkung zum Zeitpunkt $t = 0$

ω_d = Kreisfrequenz der gedämpften Schwingung

δ = Abklingkonstante

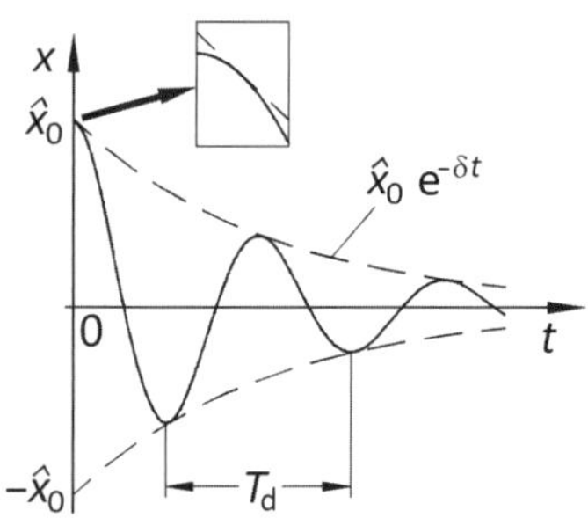

Abbildung für $\dot{x}(0) = 0$

Logarithmisches Dekrement (Maß für die Dämpfung)

$$\Lambda = \ln \frac{x(t)}{x(t+T_\mathrm{d})} = \delta T_\mathrm{d}$$

T_d = Periodendauer der gedämpften Schwingung

Ort-Zeit-Funktion für die gedämpfte Schwingung eines Massenpunkts – aperiodischer Grenzfall

$$x = (A + Bt)\mathrm{e}^{-\delta t}$$

$A = x(0)$ = Auslenkung zum Zeitpunkt $t = 0$

$B = \dot{x}(0) + \delta A$ = Konstante; $\dot{x}(0)$: Geschwindigkeit zur Zeit $t = 0$

Differenzialgleichung für die gedämpfte Schwingung eines Massenpunkts

$$\ddot{x} + 2\delta\dot{x} + \omega_0^2 x = 0$$

x = Ortskoordinate; $\dot{x}$ Geschwindigkeit; $\ddot{x}$ Beschleunigung

δ = Abklingkonstante

ω_0 = Kreisfrequenz des Oszillators ohne Dämpfung

Diese Differenzialgleichung beschreibt die gedämpfte Schwingung rein kinematisch, ohne Bezugnahme auf ein konkretes, schwingungsfähiges System.

Bewegungsgleichung für die gedämpfte Schwingung eines Massenpunkts

$$m\ddot{x} + d\dot{x} + kx = 0$$

x = Ortskoordinate; $\dot{x}$ Geschwindigkeit; $\ddot{x}$ Beschleunigung

m = Masse

d = Dämpfungskonstante für geschwindigkeitsproportionale Dämpfung

$d\dot{x}$ = der Bewegung entgegen gerichtete Reibungskraft

k = Federkonstante

kx = der Auslenkung aus der Ruhelage entgegen gerichtete Federkraft

Diese Bewegungsgleichung (Newton'sches Grundgesetz der Mechanik) ist eine Differenzialgleichung, die die gedämpfte Schwingung unter Bezugnahme auf die Größen m, d und k des schwingungsfähigen Systems beschreibt.

Zusammenhänge

zwischen den kinematischen Größen ω_d, ω_0 und δ, die den Zeitablauf der Bewegung beschreiben und den Größen m, d und k, die die Struktur des schwingungsfähigen Systems kennzeichnen:

$\omega_\mathrm{d} = \sqrt{\omega_0^2 - \delta^2} = \omega_0\sqrt{1-\vartheta^2}$	Kreisfrequenz der gedämpften Schwingung
$\omega_0 = \sqrt{k/m}$	Kreisfrequenz der ungedämpften Schwingung
$\delta = \dfrac{d}{2m} = \vartheta\omega_0$	Abklingkonstante
$\vartheta = \dfrac{\delta}{\omega_0}$	Dämpfungsgrad
$\Lambda = \delta T_\mathrm{d} \approx \delta T_0 = 2\pi\vartheta$	logarithmisches Dekrement

Einteilung des Schwingverhaltens anhand des Dämpfungsgrads

- $\vartheta = 0$: ungedämpfte Schwingung
- $0 < \vartheta < 1$: Schwingfall (gedämpfte Schwingung)
- $\vartheta = 1$: aperiodischer Grenzfall (Grenze zwischen Schwingen und Kriechen)
- $\vartheta > 1$: Kriechfall (keine periodische Funktion)

21 Erzwungene Schwingungen

Ort-Zeit-Funktion

für den eingeschwungenen Zustand des aus **Erreger** und **Resonator** bestehenden Systems

$$x = \hat{x}\cos(\Omega t - \alpha)$$

x = Koordinate (Auslenkung, Elongation) der Resonatorschwingung
$\hat{x}$ = Amplitude der Resonatorschwingung
Ω = Kreisfrequenz der Schwingung, die dem Resonator vom Erreger aufgezwungen wird
α = Phasendifferenz zwischen Resonator- und Erregerschwingung

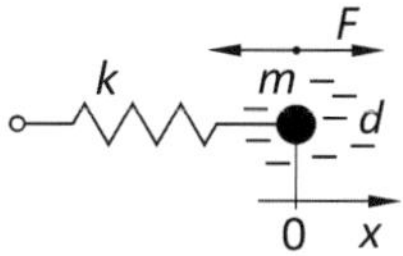

Resonatoramplitude $\hat{x}$ und Phasendifferenz α sind nicht frei wählbar, sondern anhängig von der Erreger-Kreisfrequenz Ω und von der Struktur des Systems.

Amplitude der Resonatorschwingung

$$\hat{x}(\Omega) = \frac{\hat{F}/m}{\sqrt{\left(\omega_0^2 - \Omega^2\right)^2 + (2\Omega\delta)^2}}$$

m = Masse des Resonators

ω_0 = Kreisfrequenz, die der Resonator hätte, wenn er als Oszillator frei und ungedämpft schwingen könnte

Ω = Erreger-Kreisfrequenz

δ = Abklingkonstante

$\hat{F}$ = Amplitude der Erregerkraft

Interpretation der Größe $\hat{F}/m$ – Erreger außerhalb des Resonators

$$\hat{F}/m = k\hat{\xi}/m = \hat{\xi}\,\omega_0^2$$

k = Federkonstante der Verbindung zwischen Erreger und Resonator

$\hat{\xi}$ = Amplitude der Erregerschwingung

m = Masse des Resonators

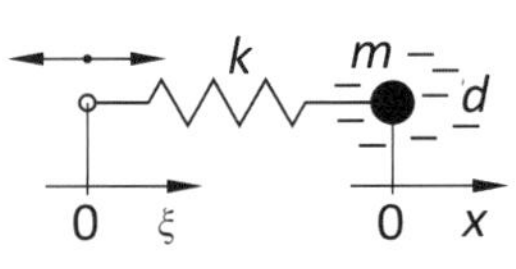

Interpretation der Größe $\hat{F}/m$ – Erreger innerhalb des Resonators

$$\frac{\hat{F}}{m} = \frac{m_2}{m_1 + m_2}\Omega^2\hat{\xi}$$

m = Gesamtmasse; $m = m_1 + m_2$

m_2 = Masse des Erregers

m_1 = Masse des Resonators

Ω = Erreger-Kreisfrequenz

$\hat{\xi}$ = Amplitude der Erregerschwingung

Phasendifferenz α zwischen Resonator- und Erregerschwingung

$$\tan\alpha = \frac{2\Omega\delta}{\omega_0^2 - \Omega^2} = \frac{2\vartheta\eta}{1-\eta^2}$$

Ω = Erreger-Kreisfrequenz

ω_0 = Kreisfrequenz, die der Resonator hätte, wenn er frei und ungedämpft als Oszillator schwingen könnte

δ = Abklingkonstante

$\eta = \Omega/\omega_0 = f/f_0$ = normierte Erregerfrequenz

Differenzialgleichung

für die Resonatorschwingung eines aus Erreger und Resonator bestehenden Systems

$$\ddot{x} + 2\delta\dot{x} + \omega_0^2 x = \frac{\hat{F}}{m}\cos\Omega t$$

x = Koordinate; $\dot{x}$ Geschwindigkeit; $\ddot{x}$ Beschleunigung

δ = Abklingkonstante

ω_0 = Kreisfrequenz, die der Resonator hätte, wenn er als Oszillator frei und ungedämpft schwingen könnte

$\hat{F}\cos\Omega t$ = erregende Kraft (oder einfach „Erreger")

Ω = Kreisfrequenz, die dem Resonator durch die erregende Kraft aufgezwungen wird

Diese Differenzialgleichung beschreibt nicht nur den eingeschwungenen Zustand, sondern auch Einschwingvorgänge – rein kinematisch, ohne Bezugnahme auf die konkrete Struktur des Systems.

Bewegungsgleichung – Erreger außerhalb des Resonators

$$m\ddot{x} + d\dot{x} + kx = k\hat{\xi}\cos\Omega t$$

x = Koordinate; $\dot{x}$ Geschwindigkeit; $\ddot{x}$ Beschleunigung

m = Masse des Resonators

k = Federkonstante der Verbindung zwischen Erreger und Resonator

$\hat{\xi}$ = Amplitude der Erregerschwingung

Ω = Kreisfrequenz der Schwingung des Erregers, die dem Resonator aufgezwungen wird

Die Bewegungsgleichung (Newton'sches Grundgesetz der Mechanik) ist eine Differenzialgleichung, die die erzwungene Schwingung des Resonators beschreibt unter Bezugnahme auf die

- die Struktur des Systems kennzeichnenden Größen m, d und k
- den Ablauf der Erregerschwingung darstellenden Größen $\hat{\xi}$ und Ω.

Bewegungsgleichung – Erreger innerhalb des Resonators

$$m\ddot{x} + d\dot{x} + kx = m_2\Omega^2\hat{\xi}\cos\Omega t$$

x = Koordinate; $\dot{x}$ Geschwindigkeit; $\ddot{x}$ Beschleunigung

m = Summe aus der Masse m_1 des Resonators und der Masse m_2 des Erregers

m_2 = Masse des Erregers

$\hat{\xi}$ = Amplitude der Erregerschwingung

Ω = Kreisfrequenz der Schwingung des Erregers, die dem Resonator aufgezwungen wind

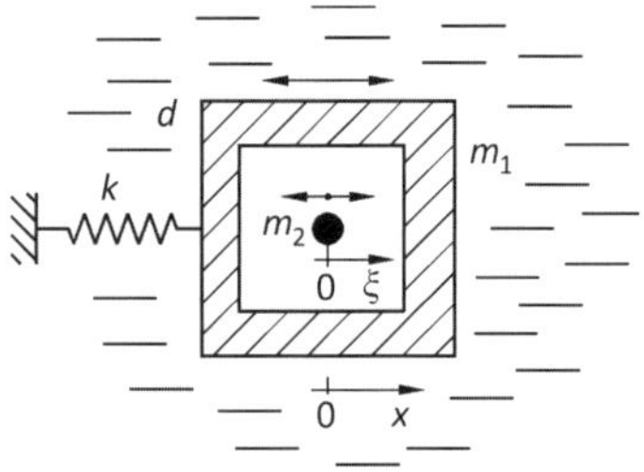

Die Bewegungsgleichung (Newton'sches Grundgesetz der Mechanik) ist eine Differenzialgleichung, die die erzwungene Schwingung des Resonators beschreibt unter Bezugnahme auf die

- die Struktur des Systems kennzeichnenden Größen m_1, m_2, d und k
- den Ablauf der Erregerschwingung darstellenden Größen $\hat{\xi}$ und Ω.

Resonanzfrequenzen

Amplitudenresonanz (Maximum der Amplitude liegt vor) - Erreger außerhalb des Resonators:

$$\Omega_R = \sqrt{\omega_0^2 - 2\delta^2} = \omega_0\sqrt{1 - 2\vartheta^2}$$

Geschwindigkeitsresonanz (Maximum der Geschwindigkeitsamplitude liegt vor) - Erreger außerhalb des Resonators:

$$\Omega_R = \omega_0$$

Beschleunigungsresonanz (Maximum der Beschleunigungsamplitude liegt vor) - Erreger außerhalb des Resonators:

$$\Omega_R = \sqrt{\omega_0^4 / \left(\omega_0^2 - 2\delta^2\right)} = \omega_0 / \sqrt{1 - 2\vartheta^2}$$

Amplitudenresonanz (Maximum der Amplitude liegt vor) - Erreger innerhalb des Resonators:

$$\Omega_R = \sqrt{\omega_0^4 / \left(\omega_0^2 - 2\delta^2\right)} = \omega_0 / \sqrt{1 - 2\vartheta^2}$$

Ω_R = Resonanz-Kreisfrequenz

ω_0 = Kreisfrequenz, die der Resonator hätte, wenn er als Oszillator frei und ungedämpft schwingen könnte

δ = Abklingkonstante

ϑ = Dämpfungsgrad

22 Ebene Wellen

Wellenfunktionen – Wellenausbreitung in Richtung der x-Achse

Transversalwelle (Auslenkung in *y*-Richtung):

$$y(t,x) = \hat{y}\cos(\omega t \mp kx + \varphi_0)$$
$$= \hat{y}\cos\left[2\pi\left(\frac{t}{T} \mp \frac{x}{\lambda}\right) + \varphi_0\right]$$

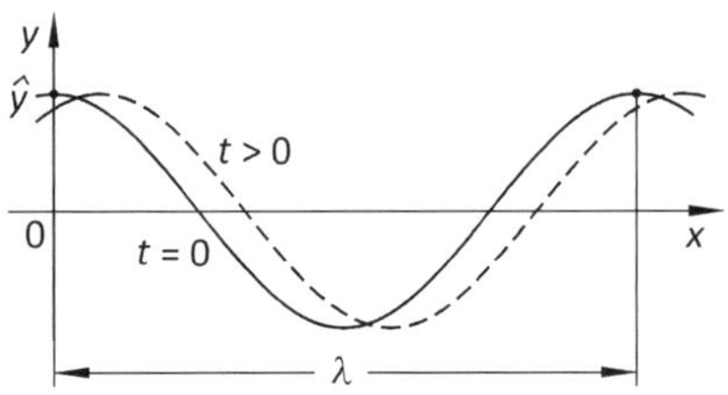

Wenn die Schwingungsrichtung im Raum fest liegt, heißt die Welle **linear polarisiert.**

Longitudinalwelle (Auslenkung ξ in *x*-Richtung):

$$\xi(t,x) = \hat{\xi}\cos(\omega t \mp kx + \varphi_0)$$

Longitudinalwellen sind nicht polarisierbar.

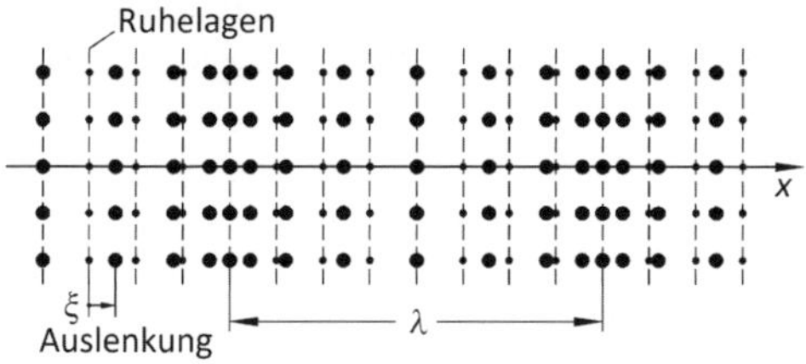

Ausbreitungsgeschwindigkeit, Phasengeschwindigkeit

$$c = \lambda f = \frac{\lambda}{T} = \frac{\omega}{k}$$

x = Koordinate der Ruhelage des jeweiligen Teilchens im Medium, das von der Wellenerscheinung betroffen ist

y = Elongation des Teilchens senkrecht zur x-Achse: Transversalwelle

ξ = Elongation des Teilchens parallel zur x-Achse: Longitudinalwelle.

$\hat{y}$, $\hat{\xi}$ Amplituden der Teilchenschwingungen

ω = Kreisfrequenz der Schwingung jedes Teilchens; $\omega = 2\pi/T$

k = Wellenzahl; $k = 2\pi/\lambda$; λ Wellenlänge

φ_0 = Nullphasenwinkel

T = Periodendauer der Schwingung jedes Teilchens

f = Frequenz; $f = 1/T$

± = Das negative Vorzeichen von kx bzw. x/λ gilt für eine Welle, die in positiver x-Richtung fortschreitet.

Wellengleichung – Ausbreitung von Wellen in Richtung der *x*-Achse

$$\frac{\partial^2 y}{\partial t^2} = c^2 \frac{\partial^2 y}{\partial x^2}$$

c = Phasengeschwindigkeit der Welle, abhängig von den elastischen Eigenschaften des Mediums; $c = \lambda/T = \omega/k$

Diese Wellengleichung ist eine partielle lineare Differentialgleichung zweiter Ordnung; ihre Lösungen $y(t,x)$ dürfen überlagert (superponiert) werden.

Stehende Wellen – Spezialfall der Überlagerung

$$y(t,x)_{\text{steh}} = 2\hat{y}\cos\left(kx+\frac{\alpha_0}{2}\right)\cos\left(\omega t+\frac{\alpha_0}{2}\right)$$

α_0 = Phasensprung bei der Reflexion an der Stelle $x = 0$.
α_0 = 0: Reflexion am losen Ende;
α_0 = π: Reflexion am festen Ende

Die stehende Welle entsteht aus der Überlagerung von **einlaufender Welle**

$$y_{\text{e}}(t,x) = \hat{y}\cos(\omega t - kx)$$

und **reflektierter Welle**

$$y_{\text{r}}(t,x) = \hat{y}\cos(\omega t + kx + \alpha_0)$$

23 Schallwellen

Schallwellen sind mechanische Wellen in elastischen Medien.

Schallgeschwindigkeit

Die kinematische Größe Schallgeschwindigkeit c ist bedingt durch diejenigen physikalischen Größen, die das elastische Verhalten des Mediums beschreiben.

In Gasen und Flüssigkeiten sind die Schallwellen longitudinal. In Festkörpern können sie auch transversal sein. Diese Orientierung der Schwingungsrichtung zur Ausbreitungsrichtung ist auch von Einfluss auf die Schallgeschwindigkeit.

Longitudinalwellen in Gasen

$$c = \sqrt{\kappa \frac{p}{\varrho}} = \sqrt{\kappa R_i T}$$

c = Schallgeschwindigkeit

κ = Isentropen-(Adiabaten-)exponent

p = Druck

ϱ = Dichte des Gases

R_i = individuelle oder spezifische (massebezogene) Gaskonstante

T = absolute Temperatur

Longitudinalwellen in Flüssigkeiten

$$c = \sqrt{\frac{K}{\varrho}}$$

c = Schallgeschwindigkeit
K = Kompressionsmodul
ϱ = Dichte der Flüssigkeit

Longitudinalwellen in allseitig weit ausgedehnten Festkörpern

$$c = \sqrt{\frac{E}{\varrho}\frac{1-\mu}{(1+\mu)(1-2\mu)}}$$

c = Schallgeschwindigkeit
E = Elastizitätsmodul
μ = Poisson-Zahl
ϱ = Dichte des Festkörpers

Longitudinalwellen in Festkörpern – dünne Stäbe

$$c = \sqrt{\frac{E}{\varrho}}$$

c = Schallgeschwindigkeit
E = Elastizitätsmodul
ϱ = Dichte des Festkörpers

Transversalwellen in Festkörpern beliebiger Gestalt, Torsionswellen in Rundstäben

$$c = \sqrt{\frac{G}{\varrho}}$$

c = Schallgeschwindigkeit
G = Schubmodul
ϱ = Dichte des Festkörpers

Transversalwellen auf einer gespannten Saite

$$c = \sqrt{\frac{\sigma}{\varrho}} = \sqrt{\frac{F}{A\varrho}} = \sqrt{\frac{F}{m'}}$$

c = Schallgeschwindigkeit
σ = Zugspannung
F = Zugkraft
A = Querschnittsfläche der Saite
ϱ = Dichte des Saitenmaterials
m' = längenbezogene Masse, $m' = m / l$

Schallfeldgrößen – longitudinale Wellen in Richtung der *x*-Achse

Schallausschlag oder Elongation

$$\xi(t,x) = \hat{\xi} \sin(\omega t - kx + \varphi_0)$$

$\hat{\xi}$ = Amplitude des Schallausschlages
ω = Kreisfrequenz; $\omega = 2\pi f = 2\pi/T$
k = Wellenzahl; $k = 2\pi/\lambda$
φ_0 = Nullphasenwinkel

Schallschnelle

$$v = \frac{\partial \xi}{\partial t}$$

Schnellenamplitude:

$$\hat{v} = \hat{\xi}\omega$$

Druckverlauf

$$p(t,x) = p_0 + p_w = p_0 + \hat{p}\cos(\omega t - kx + \varphi_0)$$

p_0 = statischer Druck
p_W = Schallwechseldruck

Schallwechseldruck

$$p_w = \hat{p}\cos(\omega t - kx + \varphi_0) = \varrho c \frac{\partial \xi}{\partial t}$$

ϱ = Dichte des Mediums
c = Schallgeschwindigkeit

Amplitude des Schallwechseldrucks

$$\hat{p} = \varrho c \hat{v} = Z\,\hat{v}$$

c = Schallgeschwindigkeit
$\hat{v}$ = Amplitude der Schallschnelle
ϱ = Dichte des Mediums
Z = Wellenwiderstand (Schallkennimpedanz)

Mittlere Energiedichte

$$w = \frac{\mathrm{d}W}{\mathrm{d}V} = \frac{1}{2}\varrho \hat{v}^2 = \frac{1}{2}\varrho \hat{\xi}^2 \omega^2 \qquad [w] = \frac{\mathrm{J}}{\mathrm{m}^3}$$

ϱ = Dichte des Mediums
$\hat{v}$ = Amplitude der Schallschnelle
$\hat{\xi}$ = Amplitude der Partikelauslenkung
ω = Kreisfrequenz

Schallintensität oder Energiestromdichte – Mittelwert

$$I = wc = \frac{1}{2}\varrho \hat{v}^2 c \qquad [I] = \frac{\mathrm{W}}{\mathrm{m}^2}$$

ϱ = Dichte des Mediums
w = mittlere Energiedichte
c = Schallgeschwindigkeit
$\hat{v}$ = Amplitude der Schallschnelle

Wellenwiderstand (Schallkennimpedanz) des Mediums

$$Z = \frac{\hat{p}}{\hat{v}} = \varrho c \qquad [Z] = \frac{\text{kg}}{\text{m}^2 \cdot \text{s}}$$

$\hat{p}$ = Amplitude des Schallwechseldruckes

$\hat{v}$ = Amplitude der Schallschnelle

ϱ = Dichte des Mediums

c = Schallgeschwindigkeit

Intensität einer punktförmigen Schallquelle

$$I = \frac{P_\text{s}}{A} = \frac{P_\text{s}}{4\pi r^2}$$

I = Energiestromdichte - Mittelwert

P_s = Schallleistung der Quelle

A = Kugelfläche

r = Abstand von der Quelle

Schallpegel (Intensitätspegel)

$$L_I = 10 \cdot \lg \frac{I}{I_0} \text{ dB}$$

I = Intensität (objektiv messbar) - Mittelwert

I_0 = Intensität der Hörschwelle (vereinbarte Bezugsgröße): $I_0 = 10^{-12}$ W/m²

Schalldruckpegel

$$L_p = 20 \cdot \lg \frac{p}{p_0} \text{ dB}$$

p = Effektivwert des Schallwechseldrucks

p_0 = Effektivwert des Schallwechseldrucks an der Hörschwelle:
$p_0 = 2 \cdot 10^{-5}$ Pa

Dopplereffekt

Beobachter ruht; Schallquelle nähert sich dem Beobachter:

$$f_B = \frac{f_Q}{1 - v_Q/c}$$

Schallquelle ruht; Beobachter nähert sich der Schallquelle:

$$f_B = f_Q \left(1 + v_B/c\right)$$

Schallquelle und Beobachter bewegen sich auf derselben Geraden aufeinander zu:

$$f_B = f_Q \frac{1 + v_B/c}{1 - v_Q/c} = f_Q \frac{c + v_B}{c - v_Q}$$

f_Q = Frequenz der Schallquelle
f_B = vom Beobachter wahrgenommene Frequenz
c = Schallgeschwindigkeit im Medium
v_Q = Geschwindigkeit der Schallquelle gegenüber dem Übertragungsmedium
v_B = Geschwindigkeit des Beobachters gegenüber dem Übertragungsmedium

Ein Entfernen voneinander bedingt in allen Fällen einen Vorzeichenwechsel der Größen v_Q und v_B. Allgemein gilt: Wenn sich Quelle und Beobachter annähern, ist die vom Beobachter registrierte Frequenz höher als die Quellenfrequenz, bei Entfernung wird sie niedriger.

Mach-Kegel

$$\sin\alpha = c / v = \frac{1}{\mathrm{Ma}}$$

α = Winkel zwischen Achse und Mantellinie des Mach-Kegels, der sich hinter einer mit der Geschwindigkeit $v > c$ bewegten Schallquelle bildet
c = Schallgeschwindigkeit
Ma = Mach'sche Zahl: $\mathrm{Ma} = v / c$.

Thermo-
dynamik

24 Temperatur und thermische Ausdehnung

Celsius-Temperatur und thermodynamische Temperatur

$$\frac{\vartheta}{°\mathrm{C}} = \frac{T - T_0}{\mathrm{K}} \qquad \frac{\Delta\vartheta}{°\mathrm{C}} = \frac{\Delta T}{\mathrm{K}}$$

T = thermodynamische oder absolute Temperatur
ϑ = Celsius-Temperatur
T_0 = Nullpunkt der Celsius-Skala; T_0 = 273, 15 K (Definition)

Temperaturdifferenzen $\Delta\vartheta$ und ΔT haben in beiden Systemen denselben Zahlenwert

Längenausdehnung

$$l_1 = l_0\left[1 + \alpha(\vartheta_1 - \vartheta_0)\right] = l_0\left[1 + \alpha(T_1 - T_0)\right]$$

l_0 = Länge eines festen Körpers bei der Temperatur ϑ_0 bzw. T_0
l_1 = Länge des Körpers bei der Temperatur ϑ_1 bzw. T_1
α = thermischer Längenausdehnungskoeffizient

Volumenausdehnung

$$V_1 = V_0\left[1 + \gamma(\vartheta_1 - \vartheta_0)\right] = V_0\left[1 + \gamma(T_1 - T_0)\right]$$

V_0 = Volumen eines festen Körpers, einer Flüssigkeit oder eines Gases bei der Temperatur ϑ_0 bzw. T_0
V_1 = Volumen bei ϑ_1 bzw. T_1
γ = thermischer Volumenausdehnungskoeffizient, $\gamma = 3\alpha$

25 Kalorimetrie

Wärmeaufnahme (-abgabe) bei Temperaturänderung

$$Q = mc\Delta T = \nu C_m \Delta T$$

Q = Wärme, die ein Körper aufnimmt oder abgibt, $[Q]$ = J

ΔT = Erhöhung oder Erniedrigung seiner Temperatur

m = Masse des Körpers

c = spezifische Wärmekapazität, $[c]$ = J/(kg K)

ν = Stoffmenge $[\nu]$ = mol

C_m = molare Wärmekapazität, $[C_m]$ = J/(mol K)

mc, νC_m = Wärmekapazität; $mc = \nu C_m = C$

Wärmeaufnahme (-abgabe) bei Phasenumwandlung

$$Q = mq = \nu Q_m$$

m = Masse

q = spezifische Umwandlungswärme (Schmelzwärme, Verdampfungswärme)

ν = Stoffmenge

Q_m = molare Umwandlungswärme

Wärmebilanz in einem adiabaten (wärmeisolierten) System

$$\Sigma Q_{auf} = \Sigma Q_{ab}$$

ΣQ_{auf} = Wärme, die die kühleren Körper im System aufnehmen

ΣQ_{ab} = Wärme, die die wärmeren Körper im System abgeben

26 Wärmeausbreitung

Wärmeleitung bei stationärem Temperaturfeld

$$\dot{Q} = \lambda \frac{A}{l} \Delta T$$

$\dot{Q}$ = Wärmestrom, $[\dot{Q}] = \mathrm{W}$
λ = Wärmeleitfähigkeit, $[\lambda]$ = W/(m·K)
A = Querschnittsfläche des Wärmeleiters
l = Länge des Wärmeleiters
ΔT = Temperaturdifferenz zwischen den parallelen Endflächen des Leiters

Wärmeübergang

$$\dot{Q} = \alpha A \Delta T$$

$\dot{Q}$ = Wärmestrom
α = Wärmeübergangskoeffizient, $[\alpha]$ = W/(m²·K)
A = Berührungsfläche zwischen zwei Wärmeleitern
ΔT = Temperaturdifferenz zwischen den beiden Seiten der Berührungsfläche

Wärmedurchgang

$$\dot{Q} = UA\Delta T$$
$$\text{mit } \frac{1}{U} = \sum \frac{l_i}{\lambda_i} + \sum \frac{1}{\alpha_j}$$

$\dot{Q}$ = Wärmestrom durch eine aus mehreren Wärmeleitern geschichtete Wand
U = Wärmedurchgangskoeffizient (früher: *k*-Wert), $[U]$ = W/(m²·K)

A = übereinstimmende Wärmeleiter-Querschnittsflächen

ΔT = Temperaturdifferenz zwischen den Außenflächen der Wand

l_i = Schichtdicken der nummerierten Wärmeleiter, $i = 1,2,\ldots, N$

λ_i = ihre Wärmeleitfähigkeiten

α_j = Wärmeübergangskoeffizienten der Berührungsflächen der Wärmeleiter einschließlich der normalerweise an Luft grenzenden Außenflächen, $j = 1,2,\ldots,N, N+1$

Wärmeleitung bei nichtstationärem Temperaturfeld – Wärmeleitungsgleichung

$$a\frac{\partial^2 T}{\partial x^2} = \frac{\partial T}{\partial t}$$

T = Temperatur; ∂T ihr Differenzial (partielle Ableitungen)

x = Koordinate (Temperaturunterschiede nur in Richtung der x-Achse)

t = Zeit

a = Temperaturleitfähigkeit; $a = \lambda/(\varrho c)$

λ = Wärmeleitfähigkeit

ϱ = Dichte des Wärmeleiters

c = spezifische Wärmekapazität

27 Wärmestrahlung

Stefan-Boltzmann'sches Gesetz

$$M = \sigma \varepsilon T^4 \qquad [M] = \mathrm{W/m^2}$$

M = spezifische Ausstrahlung: Gesamtstrahlungsleistung, die die Flächeneinheit des Strahlers in den Halbraum aussendet

σ = Stefan-Boltzmann-Konstante, $\sigma = 5{,}67 \cdot 10^{-8}\,\mathrm{W}/\left(\mathrm{m}^2 \cdot \mathrm{K}^4\right)$

ε = von der Wellenlänge unabhängiger Emissionsgrad des grauen Körpers; $0 < \varepsilon < 1$; für den schwarzen Körper ist $\varepsilon = 1$

T = absolute Temperatur

Kirchhoff'sches Gesetz

Bei jeder Temperatur ist für alle Körper der Absorptionsgrad α gleich dem Emissionsgrad ε; das gilt auch für jeden spektralen Bereich.

Strahlungsaustausch zweier Flächen

$$\Phi_{12} = A_1 C_{12}\left(T_1^4 - T_2^4\right) \qquad [\Phi] = \mathrm{W}$$

Φ_{12} = Strahlungsleistung von der grauen Fläche A_1 zur grauen Fläche A_2

T_1, T_2 = Temperaturen der Fläche A_1 bzw. der Fläche A_2

C_{12} = wirksamer Strahlungsaustauschkoeffizient; abhängig von der Anordnung der beiden Flächen; $[C_{12}] = \mathrm{W}/\left(\mathrm{m}^2 \cdot \mathrm{K}^4\right)$

Für parallel gegenüberstehende Flächen gilt:

$$C_{12} = \frac{\sigma}{1/\varepsilon_1 + 1/\varepsilon_2 - 1}$$

wird eine konvexe Fläche A_1 von einer konkaven Fläche A_2 umhüllt, gilt:

$$C_{12} = \frac{\sigma}{1/\varepsilon_1 + (A_1/A_2)(1/\varepsilon_2 - 1)}$$

28 Zustandsänderungen des idealen Gases und Erster Hauptsatz

Thermische Zustandsgleichung unter Verwendung der

spezifischen Gaskonstante R_i:	molaren Gaskonstante R_m:
$pV = mR_iT$ oder $pv = R_iT$ oder $p = \varrho R_iT$	$pV = \nu R_mT$; $R_m = 8{,}314$ J/(mol K) $pV_m = R_mT$ $p = c\,R_mT$
p = Druck V = Volumen m = Masse v = Spezifisches Volumen; $v = \frac{V}{m}$ ϱ = Dichte; $\varrho = \frac{m}{V}$ T = absolute Temperatur	p = Druck V = Volumen ν = Stoffmenge V_m = molares Volumen $V_m = \frac{V}{\nu}$ $c = \frac{\nu}{V}$ Stoffmengenkonzentration; T = absolute Temperatur

unter Verwendung der Boltzmann-Konstante k:

$$pV = NkT$$
$$k = R_m / N_A = 1{,}38 \cdot 10^{-23}\ \mathrm{J/K}$$

N = absolute Teilchenzahl

N_A = Avogadro-Konstante

ohne Verwendung der Gaskonstanten

$$\frac{pV}{T} = \text{const} \qquad \text{oder} \qquad \frac{p_1 V_1}{T_1} = \frac{p_2 V_2}{T_2} = \cdots$$

Kalorische Zustandsgleichung

$$U = mc_V T = \nu C_{mV} T$$
$$\mathrm{d}U = mc_V \,\mathrm{d}T = \nu C_{mV} \,\mathrm{d}T$$

U = innere Energie, $\mathrm{d}U$ = deren Differenzial

c_V und C_{mV} = spezifische und molare Wärmekapazität bei konstantem Volumen

m und ν = Masse und Stoffmenge des Gases

Enthalpie

$$H = U + pV$$

Für beliebige Zustandsänderungen:

$$H_2 - H_1 = U_2 - U_1 + p_2 V_2 - p_1 V_1$$

U = innere Energie

p = Druck

V = Volumen

Entropie

$$\mathrm{d}S = \frac{\delta Q_{rev}}{T}; \quad S_2 - S_1 = \int_1^2 \frac{\delta Q_{rev}}{T}$$

Q_{rev}, δQ_{rev} = reversibel ausgetauschte Wärme sowie deren Differenzial

$\delta Q_{rev} / \mathrm{T}$ = reduzierte Wärme

Für beliebige Zustandsänderungen:

$$S_2 - S_1 = mc_V \ln(T_2 / T_1) + mR_i \ln(V_2 / V_1)$$

Für den isentropen Prozess (adiabates System):

S = const; $\mathrm{d}S = 0$

Erster Hauptsatz der Thermodynamik

$$\Delta U = Q + W \quad dU = \delta Q + \delta W$$

$$Q = \Delta U - W \quad \delta Q = dU - \delta W = dH - V\,dp$$

Volumenänderungsarbeit

$$\delta W = -p\,dV \qquad W_{12} = -\int_{V_1}^{V_2} p\,dV$$

U = innere Energie des Systems, dU deren Differenzial

ΔU = Änderung der inneren Energie; $\Delta U = U_2 - U_1 = Q_{12} + W_{12}$

Q, W = Wärme bzw. Arbeit, die über die Systemgrenzen übertragen werden

Q, $W > 0$: dem System von außen zugeführt,

Q, $W < 0$: vom System nach außen abgegeben

δQ und δW = Differenziale der Prozessgrößen Wärme und Arbeit

H = Enthalpie

Spezielle Zuständsänderungen

Bedingungen	Name der Zustandsänderung	Zusammenhang der Zustandsvariablen	Erster Hauptsatz
V = const	isochor	p/T = const	$\delta Q = dU$
p = const	isobar	V/T = const	$\delta Q = dH$
T = const	isotherm	pV = const	$\delta Q = -\delta W$
S = const; $Q = 0$	isentrop	$pV^{\varkappa}$ = const	$dU = \delta W$
$Q/W = a$ = const	polytrop	pV^n = const	$\delta Q = dU - \delta W$

p = Druck

V = Volumen

T = Temperatur

Q = Wärmeumsatz

W = mechanische Arbeit; Q, $W > 0$: Wärme und Arbeit werden dem System zugeführt; Q, $W < 0$: Wärme und Arbeit werden vom System nach außen abgegeben

c_p, C_{mp} = spezifische und molare Wärmekapazität bei konstantem Druck

c_V, C_{mV} = spezifische und molare Wärmekapazität bei konstantem Volumen

κ = Isentropenexponent; $\kappa = c_p / c_V = C_{mp} / C_{mV} > 1$

n = Polytropenexponent

a = in Wärme verwandelter Anteil der umgesetzten Arbeit; $a = \frac{(n-\kappa)c_V}{R_i}$

H = Enthalpie

S = Entropie

Spezifische oder individuelle Gaskonstante

$$R_i = c_p - c_V = \frac{R_m}{M} = \frac{p_n}{T_n \varrho_n}$$

R_m = molare Gaskonstante; R_m = 8,314 J/(mol K)

M = Molmasse

p_n = Normdruck; p_n = 101 325 Pa

T_n = Normtemperatur; T_n = 273,15 K

ϱ_n = Dichte des Gases am Normzustand

Zusammenstellung thermodynamischer Größen und deren Differenziale

Prozessgrößen	Zustandsgrößen	
W, δW = Arbeit	p, dp = Druck	U, dU = innere Energie
Q, δQ = Wärme	V, dV = Volumen	H, dH = Enthalpie
	T, dT = Temperatur	S, dS = Entropie

29 Carnot'scher Kreisprozess und Zweiter Hauptsatz

Carnot'scher Kreisprozess

Wirkungsgrad der idealen Wärmekraftmaschine

$$\eta_{\text{th,C}} = |W| / Q_\text{h} = \left(Q_\text{h} - |Q_\text{t}|\right) / Q_\text{h} = \left(T_\text{h} - T_\text{t}\right) / T_\text{h} < 1$$

$W < 0$ = mechanische Arbeit, die das Gas verrichtet (nach außen abgibt)

$Q_\text{h} > 0$ = Wärme, die vom Wärmebehälter hoher Temperatur dem Gas zugeführt wird

$Q_\text{t} < 0$ = Wärme, die vom Gas an den Wärmebehälter tiefer Temperatur abgegeben wird

T_h = absolute Temperatur des einen Wärmebehälters (hohe Temperatur)

T_t = absolute Temperatur des anderen Wärmebehälters (tiefe Temperatur)

Leistungszahl der Wärmepumpe

$$\varepsilon_{\text{W,C}} = |Q_\text{h}| / W = |Q_\text{h}| / \left(|Q_\text{h}| - Q_\text{t}\right) = T_\text{h} / \left(T_\text{h} - T_\text{t}\right) = 1/\eta_{\text{th,C}} > 1$$

$Q_\text{h} < 0$ = Wärme, die vom Gas an den Wärmebehälter hoher Temperatur abgegeben wird

$Q_\text{t} > 0$ = Wärme, die dem Gas vom Wärmebehälter tiefer Temperatur zugeführt wird

$W > 0$ = mechanische Arbeit, die dem Gas von außen zugeführt wird

Leistungszahl der Kältemaschine

$$\varepsilon_{K,C} = Q_t / W = Q_t / \left(|Q_h| - Q_t\right) = T_t / \left(T_h - T_t\right)$$

$Q_t > 0$ = Wärme, die das Gas vom Wärmebehälter tiefer Temperatur aufnimmt
$Q_h < 0$ = Wärme, die vom Gas an den Wärmebehälter hoher Temperatur abgegeben wird
$W > 0$ = mechanische Arbeit, die dem Gas von außen zugeführt wird

Zweiter Hauptsatz der Thermodynamik

Es ist unmöglich, eine periodisch arbeitende Maschine zu konstruieren, die während einer vollen Periode weiter nichts bewirkt, als einem Behälter dauernd Wärme zu entziehen und mechanische Arbeit zu leisten. Eine solche unmögliche Maschine heißt **Perpetuum mobile zweiter Art.** ■

oder

Wärme kann nie von selbst von einem Körper tieferer Temperatur auf einen Körper höherer Temperatur übergehen. ■

oder

Für abgeschlossene Systeme gilt

dS = 0, wenn das thermodynamische Gleichgewicht erreicht ist oder wenn nur reversible Prozesse ablaufen;

dS > 0, wenn im System irreversible Prozesse ablaufen. ■

Gaskinetik

30 Mikrophysikalische Betrachtung des Gases

Teilchenmasse

$$\mu = M / N_A; \quad M = M_r \text{ g/mol}$$

Dichte

$$\varrho = \mu n$$

M = Molmasse

M_r = relative Molekülmasse

N_A = Avogadrosche Konstante; $N_A = 6{,}022 \cdot 10^{23}\,\text{mol}^{-1}$

n = Teilchenzahldichte; $n = N/V$

N = Teilchenzahl

V = Volumen

Relative Häufigkeit

$$\frac{\mathrm{d}N}{N} = w(v)\mathrm{d}v$$

$$w(v) = \frac{\mathrm{d}N / N}{\mathrm{d}v}$$

N = Gesamtteilchenzahl

$\mathrm{d}N$ = Anzahl der Teilchen im Geschwindigkeitsintervall zwischen v und $v + \mathrm{d}v$

v = Teilchengeschwindigkeit

$\mathrm{d}v$ = Geschwindigkeitsintervall

Normierungsbedingung für $w(v)$:

$$\int_0^\infty w(v)\,\mathrm{d}v = 1$$

Maxwell'sche Geschwindigkeitsverteilung

$$w(v) = \sqrt{\frac{8\mu}{\pi kT}} \cdot \frac{\mu v^2}{2kT} \cdot \mathrm{e}^{-\mu v^2/(2kT)}$$

$w(v)$ = Dichte der relativen Häufigkeit der Teilchengeschwindigkeiten oder Wahrscheinlichkeitsdichte

v = Teilchengeschwindigkeit

μ = Teilchenmasse

k = Boltzmann-Konstante; $k = R_m/N_A = 1{,}38 \cdot 10^{-23}$ J/K

T = absolute Temperatur

R_m = molare Gaskonstante; R_m = 8,314 J/(mol K)

N_A = Avogadro'sche Konstante; NA = $6{,}022 \cdot 10^{23}$ mol^{-1}

Wahrscheinlichste Geschwindigkeit

$$v_w = \sqrt{\frac{2kT}{\mu}} = \sqrt{\frac{2}{3}}\, v_m$$

Durchschnittliche Geschwindigkeit

$$\bar{v} = \sqrt{\frac{8kT}{\pi\mu}} = \sqrt{\frac{8}{3\pi}}\, v_m$$

Mittlere Geschwindigkeit (Wurzel aus der mittleren quadratischen Geschwindigkeit)

$$v_m = \sqrt{\overline{v^2}} = \sqrt{\frac{3kT}{\mu}}$$

kT/μ = spezifische Energie (häufig auftretende Größe); $kT/\mu = R_i T$

R_i = spezifische (individuelle) Gaskonstante

Teilchenstrom auf die Gefäßwand

$$\frac{\mathrm{d}N}{\mathrm{d}t} = \frac{1}{4} n \bar{v} A$$

n = Teilchenzahldichte

$\bar{v}$ = durchschnittliche Geschwindigkeit

A = vom Teilchenstrom getroffenes Flächenstück der Gefäßwand

$\mathrm{d}N/\mathrm{d}t$ = Teilchenstromstärke: $\mathrm{d}N/\mathrm{d}t = \dot{N} = n\dot{V} = \dot{m}/\mu$

$\dot{m}$ = Massenstrom

$\dot{V}$ = Volumenstrom

Mittlere Stoßfrequenz

$$f_\mathrm{S} = n \cdot \sqrt{2}\,\bar{v} \cdot \sigma$$

Mittlere freie Weglänge

$$\Lambda = \frac{\bar{v}}{f_\mathrm{S}} = \frac{1}{\sqrt{2}\,\sigma n} = \frac{kT}{\sqrt{2}\,\sigma p}$$

n = Teilchenzahldichte

$\sqrt{2}\,\bar{v}$ = mittlere Relativgeschwindigkeit von Teilchen der durchschnittlichen Geschwindigkeit $\bar{v}$

σ = Wirkungsquerschnitt; $\sigma = \pi(r_1 + r_2)^2$

r_1, r_2 = Radien der kugelförmig gedachten Stoßpartner

p = Druck

31 Verknüpfung zwischen mikro- und makrophysikalischen Größen

Druck

$$p = \frac{1}{3}\mu n\overline{v^2} = nkT$$

Mittlere kinetische Energie der Translation eines Teilchens

$$\overline{E_\mathrm{k}} = \frac{1}{2}\mu\overline{v^2} = \frac{3}{2}kT$$

Gleichverteilungssatz

Auf einen Freiheitsgrad der Teilchenbewegung entfällt im Mittel der Energiebetrag $kT/2$

Innere Energie

$$U = N\frac{f}{2}kT = \nu\frac{f}{2}R_\mathrm{m}T = m\frac{f}{2}R_\mathrm{i}T$$

Spezifische und molare Wärmekapazität bei isochorem Prozess

$$c_V = \frac{f}{2}\frac{k}{\mu} = \frac{f}{2}R_\mathrm{i}, \quad C_{\mathrm{m}V} = \frac{f}{2}R_\mathrm{m}$$

μ = Teilchenmasse

$\overline{v^2}$ = Mittelwert der Geschwindigkeitsquadrate

k = Boltzmann-Konstante

ν = Stoffmenge

N = Anzahl der Teilchen

n = Teilchenzahldichte, $n = N/V$

m = Masse des Gases

f = Anzahl der Freiheitsgrade

R_i = spezifische (individuelle) Gaskonstante

R_m = molare Gaskonstante

T = absolute Temperatur

Elektrizität und Magnetismus

32 Gleichstromkreis

Elektrische Stromstärke, elektrische Ladung

$$I = \frac{\mathrm{d}Q}{\mathrm{d}t} \qquad [I] = \mathrm{A}$$

$$Q = \int_{t_1}^{t_2} I \,\mathrm{d}t \qquad [Q] = \mathrm{C} = \mathrm{A \cdot s}$$

Q = elektrische Ladung, in der Zeit $\Delta t = t_2 - t_1$ transportiert; $Q = \pm Ne$; N Anzahl der Ladungsträger; e Elementarladung, $e = 1{,}602 \cdot 10^{-19}\,\mathrm{C}$

I = Stromstärke (Strom als Transport positiver Ladungsträger; Elektronen bewegen sich in entgegengesetzter Richtung)

Sonderfall (konstante Stromstärke):

$$I = \frac{Q}{t}$$

Elektrische Stromdichte

$$J = \frac{I}{A} \qquad [J] = \mathrm{A/m^2}$$

A = Querschnittsfläche, normal zur Bewegungsrichtung der Ladungsträger

Elektrischer Widerstand – Definition

$$R = \frac{U}{I} \qquad [R] = \Omega = \frac{\mathrm{V}}{\mathrm{A}} \quad \text{(Ohm)}$$

U = Spannung, die am Leiter abfällt

I = Stromstärke im Leiter

Elektrischer Widerstand – Bemessungsgleichung

$$R = \varrho \frac{l}{A} = \frac{l}{\sigma A}$$

ϱ = spezifischer Widerstand, Resistivität
σ = Leitfähigkeit, Konduktivität: $\sigma = 1/\varrho$
l = Länge des Leiters
A = Querschnittfläche des Leiters

Ohm'sches Gesetz

Spannung und Stromstärke sind bei metallischen Leitern und bei verschiedenen anderen elektrischen Leitern bei konstanter Temperatur einander proportional. ■

$$U = R \cdot I, \quad R = \text{const}$$

Elektrischer Leitwert

$$G = \frac{1}{R} \qquad [G] = \text{S} = \Omega^{-1} \text{ (Siemens)}$$

R = elektrischer Widerstand

Warmwiderstand

$$R_\text{w} = R_\text{k}(1 + \alpha \Delta T)$$

R_k = Kaltwiderstand bei 20 °C
α = Widerstands-Temperaturkoeffizient; Temperaturbeiwert
ΔT = Temperaturänderung; $\Delta T/\text{K} = \Delta\vartheta/°\text{C}$

Elektrische Leistung

$$P = UI = RI^2 = \frac{U^2}{R} \qquad [P] = \text{W}$$

Elektrische Arbeit

$$W = QU \qquad [W] = \mathrm{J} = \mathrm{W \cdot s}$$

$$W = \int_{t_1}^{t_2} P\,\mathrm{d}t$$

Q = elektrische Ladung

P = elektrische Leistung während der Zeit $\Delta t = t_2 - t_1$

Sonderfall (konstante Stromstärke):

$$W = UIt = RI^2 t = \frac{U^2}{R} t = Pt$$

Kirchhoff'sche Gesetze

In einem Knoten ist die Summe der zufließenden und abfließenden Ströme gleich null. ■

$$\sum_k I_k = 0 \quad \text{Knotenregel}$$

$k = 1, 2, \ldots, N$

Zufließende Ströme positiv, abfließende Ströme negativ.

Andere Schreibweise:

$$\Sigma I_{\mathrm{zu}} = \Sigma I_{\mathrm{ab}}$$

I_{zu} = zum Knotenpunkt hinfließende Ströme

I_{ab} = vom Knotenpunkt abfließende Ströme

(Beide Stromstärken sind hier positiv.)

In einer Masche ist die Summe aller Spannungen Null – oder – die Summe der Urspannungen ist gleich der Summe der Spannungsabfälle. ■

$$\sum_m U_m = 0 \quad \text{oder} \quad \sum_m U_{\mathrm{q}m} = \sum_k R_k I_k \quad \text{Maschenregel}$$

$m = 1, 2, \ldots M \qquad k = 1, 2, \ldots N \qquad R_k I_k = U_k$

U_{qm} = Quellenspannungen, Urspannungen, eingeprägte Spannungen
R_k = Widerstände
I_k = elektrische Stromstärken
U_k = Spannungsabfälle

Umlaufsinn der Masche und Zählrichtung der Ströme willkürlich

Bepfeilung

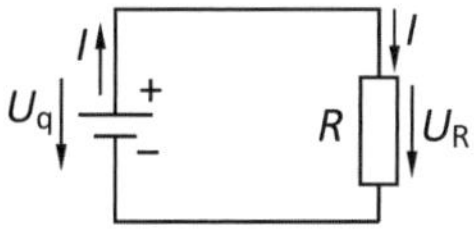

Beim Erzeuger (Spannungsquelle) haben Strom- und Spannungspfeil entgegengesetzte Richtung, beim Verbraucher (Widerstand) sind Strom- und Spannungspfeil gleichgerichtet.

Schaltungen von Widerständen

Reihenschaltung, Gesamt- oder Ersatzwiderstand:

$$R = \sum_k R_k \quad U = \sum_k U_k \quad I_1 = I_2 = \cdots = I$$

Es gilt die **Spannungsteilerregel:**

Die Spannungen verhalten sich wie die Widerstände ($U \sim R$).

$$U_k / U_l = R_k / R_l$$
$$U_k / U = R_k / R$$

Parallelschaltung, Gesamtwiderstand:

$$\frac{1}{R} = \sum_k \frac{1}{R_k} \quad I = \sum_k I_k \quad U_1 = U_2 = \cdots = U$$

$$G = \sum_k G_k$$

Es gilt die **Stromteilerregel:**

Die Stromstärken verhalten sich umgekehrt wie die Widerstände $\left(I \sim \frac{1}{R}\right)$.

$$I_k / I_l = R_l / R_k$$
$$I_k / I = R / R_k$$

R_k, U_k, I_k, G_k = Einzelwiderstand, Teilspannung, Teilstromstärke, Einzelleitwert

$k = 1,2,\ldots,N$

R, U, I, G = Gesamt-Widerstand, -Spannung, -Stromstärke, -Leitwert

Klemmenspannung (Ersatzspannungsquelle)

$$U_{\mathrm{Kl}} = U_{\mathrm{q}} - R_{\mathrm{i}} I$$

U_{q} = Urspannung der Spannungsquelle

R_{i} = Innenwiderstand der Spannungsquelle

I = Stromstärke im Innenwiderstand und damit auch im gesamten Grundstromkreis

Grundstromkreis: Reihenschaltung von Spannungsquelle mit Innenwiderstand und Außenwiderstand

Die Klemmenspannung U_{Kl} ist stets kleiner als die Urspannung U_{q}, da über dem Innenwiderstand der Spannungsquelle ein Teil der Spannung bereits abfällt.

Verhältnis der Spannungen im Grundstromkreis:

$$\frac{U_{\mathrm{Kl}}}{U_{\mathrm{q}}} = \frac{R_{\mathrm{a}}}{R_{\mathrm{a}} + R_{\mathrm{i}}}$$

R_{a} = Außenwiderstand, Arbeitswiderstand

Der Außenwiderstand kann in diesem Grundstromkreis der Ersatzwiderstand (oder Gesamtwiderstand) einer komplizierten Schaltung von mehreren Widerständen sein.

Sonderfälle:

Kurzschluss: $R_a \to 0$; Kurzschlussstrom $I_K = \frac{U_q}{R_i}$

Leerlauf: $R_a \to \infty$; Leerlaufspannung $U_L = U_q$

Anpassung: $R_a = R_i$; maximale Leistungsabgabe $P_{max} = \frac{U_q^2}{4R_a}$

Messbereicherweiterung

Vorwiderstand für einen Spannungsmesser:

$$R_v = (n-1)R_I$$

Parallelwiderstand für einen Strommesser:

$$R_p = \frac{R_I}{n-1}$$

n = Faktor der Messbereichserweiterung

R_I = Instrumentenwiderstand

Ladungstransport in Flüssigkeiten – Elektrolyse

(Faraday'sche Gesetze)

$$m = \alpha Q = \alpha I t \quad \text{(1. Gesetz)}$$

$$\frac{m_1}{m_2} = \frac{M_1 z_2}{z_1 M_2} = \frac{\alpha_1}{\alpha_2} \quad \text{(2. Gesetz)}$$

Q = elektrische Ladung, die in der Zeit t fließt

I = konstante Stromstärke

m = an der Katode abgeschiedene Masse

M = Molmasse

α = elektrochemisches Äquivalent: $\alpha = M/(zF)$

z = Wertigkeit

F = Faraday-Konstante: $F = eN_A = 96485\ (\mathrm{A \cdot s})/\mathrm{mol}$

e = Elementarladung

N_A = Avogadro'sche Konstante

33 Elektrisches Feld

Kraftgesetz

$$\vec{F} = Q\vec{E}$$

$\vec{F}$ = Kraft, die das elektrische Feld auf eine elektrische Ladung ausübt. (Die Ladung Q muss so klein sein, dass sie das vorhandene elektrische Feld nicht wesentlich verändert; Probeladung.)

$\vec{E}$ = elektrische Feldstärke am Ort der Ladung Q

Elektrische Feldstärke – Definition auf Grund ihrer Wirkung

$$\vec{E} = \frac{\vec{F}}{Q_0} \qquad [E] = \frac{\text{N}}{\text{C}} = \frac{\text{V}}{\text{m}}$$

$\vec{F}$ = Kraft, die das elektrische Feld $(\vec{E})$ auf eine Probeladung Q_0 ausübt

Elektrische Feldstärke – Definition auf Grund ihrer Ursache

$$\vec{E} = \frac{Q_1}{4\pi\varepsilon_0 r^2}\vec{e}_r$$

Q_1 = felderzeugende Punktladung

ε_0 = elektrische Feldkonstante

r = Abstand zwischen dem Ort, an dem die Feldstärke $\vec{E}$ herrscht, und der Punktladung

$\vec{e}_r$ = Einheitsvektor in radialer Richtung ausgehend von Q_1

Eine zweite Punktladung Q_2 erfährt in diesem Feld die Kraft

$$\vec{F} = \frac{Q_1 Q_2}{4\pi\varepsilon_0 r^2}\vec{e}_r$$ Coulomb'sches Gesetz

Q_2 = entspricht einer Probeladung

Elektrische Spannung, Potenzialdifferenz

$$U_{12} = \int_{\vec{r}_1}^{\vec{r}_2} \vec{E}\cdot d\vec{r} = \int_{s_1}^{s_2} E_s ds = \Delta\varphi = \varphi_1 - \varphi_2 \qquad [U] = [\varphi] = \mathrm{V}$$

U_{12} = Spannung zwischen dem Ort (1) und dem Ort (2) im elektrischen Feld
$\vec{E}$ = Vektor der elektrischen Feldstärke
E_s = Betrag der Komponente des Vektors $\vec{E}$ in Wegrichtung
$\vec{r}$ = Ortsvektor
s_1, s_2 = Wegstrecken; $ds = |d\vec{r}|$
φ_1, φ_2 = Potenziale
$\Delta\varphi$ = Potenzialdifferenz

Sonderfall (homogenes elektrisches Feld; E = const; s_1 = 0; s_2 = d):

$$U = E \cdot d$$

Potenzielle Energie einer Ladung

$$E_p = QU$$

U = Spannung zwischen dem Ort des Bezugsniveaus der potenziellen Energie und dem Ort der Ladung Q

Sonderfall (Elektron im elektrischen Feld; $Q = -e$):

$$E_p = -eU$$

U = Spannung; $U < 0$, wenn $E_p = 0$ am Ort des negativen Pols; $U > 0$, wenn $E_p = 0$ am Ort des positiven Pols
e = Elementarladung

Elektrische Verschiebung

$$\vec{D} = \varepsilon_0 \varepsilon_r \vec{E} \qquad [D] = (\mathrm{A\,s})/\mathrm{m}^2$$

$$\vec{D} = \varepsilon_0 \vec{E} + \vec{P}$$

$\vec{D}$ = elektrische Flussdichte oder Verschiebungsdichte
$\vec{E}$ = elektrische Feldstärke
ε_0 = elektrische Feldkonstante
ε_r = relative Permittivitätszahl (Dielektrizitätszahl)
$\vec{P}$ = elektrische Polarisation; $\vec{P} = \chi_{el} \varepsilon_0 \vec{E}$
χ_{el} = elektrische Suszeptibilität; $\chi_{el} = \varepsilon_r - 1$

(Stoffe werden im elektrischen Feld polarisiert; es treten Scheinladungen auf.)

Isotropes Dielektrikum ist Voraussetzung für die Gültigkeit der Gleichung.

Sonderfall (Vakuum; $\vec{P} = 0$):

$$\vec{D} = \varepsilon_0 \vec{E}$$

Zusammenhang zwischen Flussdichte und felderzeugender Ladung:

$$\oint_A D_n \mathrm{d}A = Q \qquad \text{Gauß'scher Satz}$$

D_n = Betrag der Komponente des Verschiebungsvektors $\vec{D}$ in Normalenrichtung des Flächenelements dA einer geschlossenen Fläche A um die felderzeugende Ladung Q

Die Quellen der Verschiebungslinien sind die wahren Ladungen. ■

Sonderfall (Punktladung):

$$DA = Q$$

A = Kugeloberfläche (um die Ladung) mit beliebigem Radius r; $A = 4\pi r^2$

Elektrische Kapazität – Definition

$$C = \frac{Q}{U} \qquad [C] = \mathrm{F} = \frac{\mathrm{As}}{\mathrm{V}}$$

Der Quotient von Ladung Q und Spannung U wird elektrische Kapazität C genannt.

Elektrische Kapazität – spezielle Leiteranordnungen

Plattenkondensator $C = \varepsilon_r \varepsilon_0 \frac{A}{d}$

Kugelkondensator $C = 4\pi\varepsilon_r\varepsilon_0 r$

Zylinderkondensator $C = \frac{2\pi\varepsilon_r\varepsilon_0 l}{\ln(r_2/r_1)}$

ε_0 = elektrische Feldkonstante
ε_r = relative Permittivitätszahl (Dielektrizitätszahl)
A = Fläche einer Platte
d = Plattenabstand
l = Länge des Zylinders
r, r_1, r_2 = Radius, Innenradius, Außenradius

Schaltungen von Kondensatoren

Reihenschaltung:

$$\frac{1}{C} = \sum_k \frac{1}{C_k} \quad U = \sum_k U_k$$

Parallelschaltung:

$$C = \sum_k C_k \quad U_1 = U_2 = \cdots = U$$

C = Gesamtkapazität, Ersatzkapazität
U = Gesamtspannungsabfall
C_k = Einzelkapazität; $k = 1, 2, \ldots, N$
U_k = Spannungsabfall über dem k-ten Kondensator

Kapazitätserhöhung durch Dielektrikum

$$C = \varepsilon_r C_0$$

C = Kapazität des völlig mit Dielektrikum (isolierender Stoff) gefüllten Kondensators

ε_r = relative Permittivitätszahl, Dielektrizitätszahl

C_0 = Kapazität des „leeren" Kondensators (Vakuum oder Luft zwischen den Leitern)

Energiedichte des elektrischen Feldes

$$w_{el} = \frac{dW}{dV} = \frac{1}{2} E D = \frac{1}{2} \varepsilon_r \varepsilon_0 E^2 \qquad [w] = \frac{J}{m^3}$$

W = Energie

V = Volumen

E = elektrische Feldstärke

D = elektrische Flussdichte oder Verschiebungsdichte

ε_r = relative Permittivitätszahl, Dielektrizitätszahl

ε_0 = elektrische Feldkonstante

Bei homogenem Feld (Plattenkondensator mit Plattenfläche A und Plattenabstand d) ist die im Kondensator gespeicherte Energie

$$W = \frac{1}{2} EDV = \frac{1}{2} EDAd$$

Allgemein gilt für den Energieinhalt eines Kondensators

$$W = \frac{1}{2} CU^2 = \frac{1}{2} \frac{Q^2}{C}$$

C = Kapazität des Kondensators

U = am Kondensator anliegende Spannung

Q = Ladung auf den Kondensatorplatten

34 Magnetisches Feld

Durchflutungsgesetz oder Ampere'sches Verkettungsgesetz

$$\Theta = \sum I_k = \oint \vec{H}\,\mathrm{d}\vec{r} = \oint_s H_s \mathrm{d}s \quad |\,\mathrm{d}\vec{r}\,| = \mathrm{d}s$$

Θ = Durchflutung; $[\Theta]$ = A

$\sum I_k$ = Summe aller Ströme durch die umfahrene Fläche

$\vec{H}$ = magnetische Feldstärke; $[H]$ = A/m

$\vec{r}$ = Ortsvektor

s = geschlossener Weg um den stromdurchflossenen Leiter

Das Wegintegral der magnetischen Feldstärke über einen geschlossenen Weg ist gleich dem Gesamtstrom durch die umfahrene Fläche.

Magnetische Feldstärke

im Innern einer langen Spule

$$H = \frac{NI}{l}$$

außerhalb eines geraden langen Leiters

$$H = \frac{I}{2\pi r}$$

N = Anzahl der Windungen

I = elektrische Stromstärke

l = Länge der Spule

r = Abstand des Ortes, an dem die Feldstärke den Wert H hat, von der Achse des Leiters

Magnetische Flussdichte, Induktion

$$\vec{B} = \mu_0 \mu_r \vec{H} \qquad [B] = \mathrm{T} = (\mathrm{V\,s})/\mathrm{m}^2$$

$$\vec{B} = \mu_0 \vec{H} + \vec{M}$$

$\vec{H}$ = magnetische Feldstärke

μ_0 = magnetische Feldkonstante

μ_r = relative Permeabilitätszahl

$\vec{M}$ = Magnetisierung; $\vec{M} = \mu_0 \chi_{magn} \vec{H}$

χ_{magn} = magnetische Suszeptibilität; $\chi_{magn} = \mu_r - 1$ (paramagnetische Stoffe werden im Magnetfeld magnetisiert: $\chi_{magn} > 0$; diamagnetische Stoffe werden entmagnetisiert: $\chi_{magn} < 0$)

Magnetischer Fluss

$$\Phi = \int_A \vec{B}\,\mathrm{d}\vec{A} = \int_A B_n\,\mathrm{d}A = \int_A B\,\mathrm{d}A \cos\alpha \qquad [\Phi] = \mathrm{Wb} = \mathrm{V} \cdot \mathrm{s}$$

B_n = Betrag der Komponente des Vektors der magnetischen Flussdichte $\vec{B}$ in Richtung der Flächennormalen $\vec{n}$ des Flächenelements dA

A = Fläche, die der Fluss Φ durchsetzt

α = Winkel zwischen $\vec{n}$ und $\vec{B}$

Sonderfall (B = const, α = 0):

$$\Phi = BA$$

Lorentzkraft

Bewegte Ladung im Magnetfeld:

$$\vec{F} = Q\vec{v} \times \vec{B}$$

Q = bewegte Ladung; Vorzeichen beachten!
$\vec{F}$ = Kraft, die eine bewegte Ladung im Magnetfeld erfährt: $\vec{F} \perp \vec{B}$ und $\vec{F} \perp \vec{v}$ (Rechtsschraubenregel)
$\vec{v}$ = Geschwindigkeit der Ladung
$\vec{B}$ = magnetische Flussdichte

Stromdurchflossener Leiter im Magnetfeld

$$\vec{F} = I\vec{l} \times \vec{B}$$

$\vec{F}$ = Kraft, die der stromdurchflossene Leiter im Magnetfeld erfährt; $\vec{F} \perp \vec{l}$ und $\vec{F} \perp \vec{B}$ (Rechtsschraubenregel)
$\vec{l}$ = Vektor mit dem Betrag der Leiterlänge und der Richtung des elektrischen Stromes
I = elektrische Stromstärke im Leiter

Energiedichte des magnetischen Feldes

$$w_{\text{magn}} = \frac{\mathrm{d}W}{\mathrm{d}V} = \frac{1}{2}HB = \frac{1}{2}\mu_{\mathrm{r}}\mu_0 H^2 = \frac{B^2}{2\mu_{\mathrm{r}}\mu_0} \qquad [w] = \frac{\mathrm{J}}{\mathrm{m}^3}$$

H = magnetische Feldstärke
B = magnetische Flussdichte
V = Volumen
μ_0 = magnetische Feldkonstante
μ_{r} = relative Permeabilitätszahl

35 Induktion

Induktionsgesetz

$$U_i = -N\frac{d\Phi}{dt} = -\frac{d\Psi}{dt}$$ Faraday'sche Flussregel

U_i = induzierte Spannung
N = Windungszahl
Φ = magnetischer Fluss
$\Psi = N\Phi$ = verketteter Fluss

Eine Induktionsspannung entsteht, wenn sich der magnetische Fluss durch eine Schleife oder Spule ändert.

Das negative Vorzeichen ist ein Ausdruck der **Lenz'schen Regel:**

Induzierte Spannungen, Ströme und Kräfte sind so gerichtet, dass sie ihren Ursachen entgegenwirken.

Strom durch eine geschlossene Leiterschleife bei Flussänderung durch die Schleife

$$I = -\frac{1}{R}\frac{d\Phi}{dt}$$

R = ohmscher Widerstand der Leiterschleife
Φ = die Schleife durchdringender magnetischer Fluss

Spezielle Form des Induktionsgesetzes für bewegte Leiter

$$\vec{E}_\mathrm{i} = \vec{v} \times \vec{B}$$

$\vec{E}_\mathrm{i}$ = induzierte elektrische Feldstärke im Leiter
$\vec{v}$ = Geschwindigkeit des Leiters (relativ zum Magnetfeld)
$\vec{B}$ = magnetische Flussdichte

In einem geraden Leiter entsteht damit die induzierte Spannung

$$U_\mathrm{i} = E_\mathrm{i}\, l$$

l = Länge des Leiters (im Magnetfeld)
E_i = induzierte elektrische Feldstärke im Leiter

Selbstinduktion

$$U_\mathrm{i} = -L\frac{\mathrm{di}}{\mathrm{d}t}$$

i = zeitabhängiger Strom
U_i = induzierte Spannung
L = Induktivität der Leiteranordnung; $[L]$ = H = (V s)/A

Sonderfall (lange Spule): $L = \dfrac{\mu_0 \mu_\mathrm{r} N^2 A}{l}$;
μ_0 magnetische Feldkonstante
μ_r Permeabilitätszahl
N Anzahl der Windungen der Spule
A Querschnittsfläche der Spule
l Länge der Spule

36 Maxwell'sche Gleichungen

(I)

$$\oint_C \vec{H}\,\mathrm{d}\vec{r} = I + \int_A \frac{\partial \vec{D}}{\partial t}\,\mathrm{d}\vec{A}$$

C: Randkurve, A: umrandete Fläche

$\oint H_s\,\mathrm{d}s = I$ = Durchflutungsgesetz
$\int \dot{D}_n\,\mathrm{d}A$ = Maxwell'sche Ergänzung

Sowohl ein Strom (I) als auch ein zeitlich veränderliches elektrisches Feld ($\dot{D}$) sind von geschlossenen magnetischen Feldlinien (H) umgeben. ■

(II)

$$\oint_C \vec{E}\,\mathrm{d}\vec{r} = -\int_A \frac{\partial \vec{B}}{\partial t}\,\mathrm{d}\vec{A}$$

C: Randkurve, A: umrandete Fläche

$\oint E_s\,\mathrm{d}s$ = induzierte Spannung U_i
$-\int \dot{B}_n\,\mathrm{d}A$ = zeitlich veränderlicher magnetischer Fluss

Ein zeitlich veränderliches Magnetfeld ($\dot{B}$) ist von geschlossenen elektrischen Feldlinien (E) umgeben. ■

(III)

$$\oint_A \vec{D}\,\mathrm{d}\vec{A} = Q$$ Gauß'scher Satz

Q = elektrische Ladung

$\oint D_n\,\mathrm{d}A$ = elektrischer Fluss durch eine geschlossene Fläche

Die (wahren) elektrischen Ladungen (Q) sind die Quellen der elektrischen Flusslinien (D).

(IV)

$$\oint_A \vec{B}\,\mathrm{d}\vec{A} = 0$$

$\oint B_n\,\mathrm{d}A$ = magnetischer Fluss durch eine geschlossene Fläche

Die B-Linien haben weder Quellen noch Senken: es sind geschlossene Linien. ($\vec{B}$ ist ein quellenfreier Vektor.)

Folgerung aus den Maxwell'schen Gleichungen für elektromagnetische Wellen:

$$c_0 = \frac{1}{\sqrt{\varepsilon_0 \mu_0}} \qquad c = \frac{1}{\sqrt{\varepsilon_0 \varepsilon_r \mu_0 \mu_r}}$$

c_0 = Lichtgeschwindigkeit im Vakuum

c = Lichtgeschwindigkeit in Materie

ε_0 = elektrische Feldkonstante

ε_r = relative Permittivitätszahl

μ_0 = magnetische Feldkonstante

μ_r = relative Permeabilitätszahl

37 Wechselstromkreis

Die Formeln dieses Abschnitts berücksichtigen die reelle sowie die komplexe Wechselstromrechnung. Komplexe Größen werden mit einem Unterstrich geschrieben.

Elektrische Stromstärke, elektrische Spannung

$$i(t) = \hat{i}\sin(\omega t + \varphi_i) \qquad \underline{I} = I\,\mathrm{e}^{\mathrm{j}\varphi_i}$$

$$u(t) = \hat{u}\sin(\omega t + \varphi_u) \qquad \underline{U} = U\,\mathrm{e}^{\mathrm{j}\varphi_u}$$

i, u = zeitabhängige Stromstärke, Spannung

$\hat{i}, \hat{u}$ = Scheitelwert der Stromstärke, der Spannung (Maximalwerte, Amplituden)

$\underline{I}, \underline{U}$ = zeitunabhängige Effektivwert-Zeiger

j = imaginäre Einheit, $\mathrm{j} = \sqrt{-1}$

ω = Kreisfrequenz; $\omega = 2\pi f$; f Frequenz

φ_i, φ_u = Nullphasenwinkel von Strom und Spannung

Effektivwerte

$$I = \frac{\hat{i}}{\sqrt{2}}; \quad U = \frac{\hat{u}}{\sqrt{2}}$$

I = Effektivwert der elektrischen Stromstärke

U = Effektivwert der elektrischen Spannung

$\hat{i}, \hat{u}$ = Scheitelwert (Amplitude) der Stromstärke, der Spannung

Ohm'sches Gesetz

$$Z = \frac{\hat{u}}{\hat{i}} = \frac{U}{I} \quad \underline{Z} = \frac{\underline{U}}{\underline{I}} = \frac{U}{I} \mathrm{e}^{\mathrm{j}\varphi} \quad \underline{Y} = \frac{\underline{I}}{\underline{U}}$$

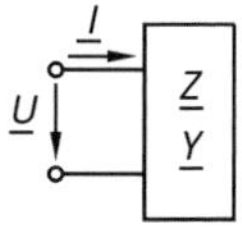

$\hat{u}, \hat{i}$ = Scheitelwerte

U, I = Effektivwerte von elektrischer Spannung bzw. Stromstärke

Z = Scheinwiderstand

$\underline{Z}$ = Impedanz (komplexer Widerstand)

$\underline{Y} = 1 / \underline{Z}$ = Admittanz (komplexer Leitwert)

$\varphi = \varphi_u - \varphi_i$ = Phasenverschiebungswinkel zwischen Spannung und Strom

Impedanz und Admittanz

$$\underline{Z} = \frac{\underline{U}}{\underline{I}} = R + \mathrm{j}X = Z\,\mathrm{e}^{\mathrm{j}\varphi}$$

$$\underline{Y} = \frac{1}{\underline{Z}} = \frac{\underline{I}}{\underline{U}} = G + \mathrm{j}B = Y\,\mathrm{e}^{-\mathrm{j}\varphi}$$

R = Wirkwiderstand

X = Blindwiderstand

G = Wirkleitwert

B = Blindleitwert

Wirkwiderstand	Induktiver Blindwiderstand	Kapazitiver Blindwiderstand
$\underline{Z}_R = R$	$\underline{Z}_L = \mathrm{j}X_L$ $X_L = \omega L$	$\underline{Z}_C = \mathrm{j}X_C$ $X_C = -\dfrac{1}{\omega C}$
Wirkleitwert	**Induktiver Blindleitwert**	**Kapazitiver Blindleitwert**
$\underline{Y}_R = G = 1/R$	$\underline{Y}_L = \mathrm{j}B_L$ $B_L = -\dfrac{1}{\omega L}$	$\underline{Y}_C = \mathrm{j}B_C$ $B_C = \omega C$

R = Ohm'scher Widerstand
L = Induktivität einer Spule
C = Kapazität eines Kondensators
ω = Kreisfrequenz; $\omega = 2\pi f$; f = Frequenz

Phasenverschiebung

$\varphi_R = 0$ Am **Wirkwiderstand** sind Strom und Spannung in Phase.

$\varphi_L = +\dfrac{\pi}{2}$ Die Spannung an einer **Spule** eilt um 90° gegenüber dem Strom voraus.

$\varphi_C = -\dfrac{\pi}{2}$ Am **Kondensator** eilt der Strom der Spannung um 90° voraus.

φ = Phasen(verschiebungs)winkel, $\varphi = \varphi_u - \varphi_i$

Festlegung für Zeigerdiagramme (Phasenverschiebung der Spannung gegenüber dem Strom):

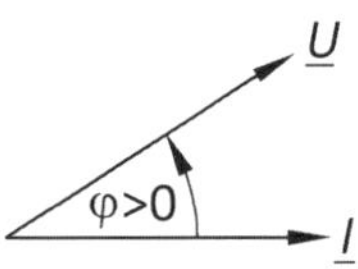

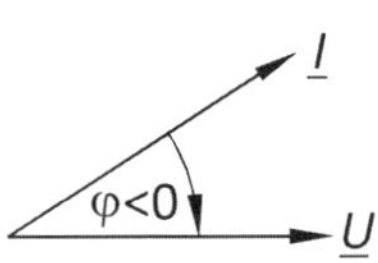

Reihenschaltung von *R*, *L* und *C*

Durch alle drei Bauteile fließt derselbe Strom $\underline{I}$

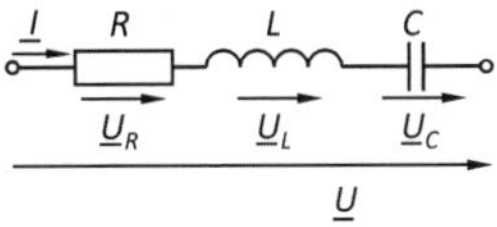

Berechnungen:

$$\underline{U} = \underline{U}_R + \underline{U}_L + \underline{U}_C = \underline{I}\left(R + \mathrm{j}X_L + \mathrm{j}X_C\right)$$

$$U = \sqrt{U_R^2 + \left(U_L - U_C\right)^2}$$

$$\underline{Z} = R + \mathrm{j}\omega L - \frac{\mathrm{j}}{\omega C}$$

$$Z = \sqrt{R^2 + \left(\omega L - \frac{1}{\omega C}\right)^2}$$

$$\tan\varphi = \frac{\omega L - 1/(\omega C)}{R}$$

Zeigerdiagramme:

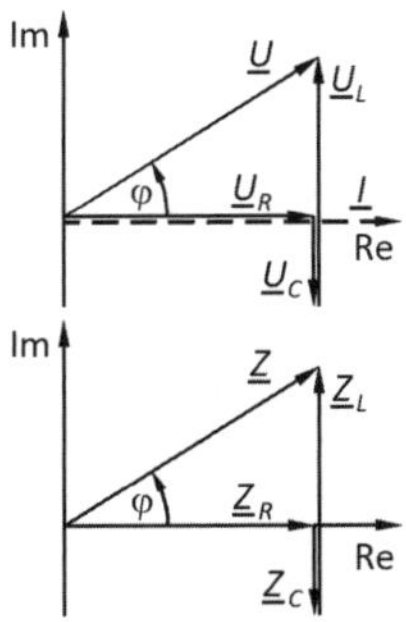

Parallelschaltung von *R*, *L* und *C*

An allen drei Bauteilen fällt dieselbe Spannung $\underline{U}$ ab

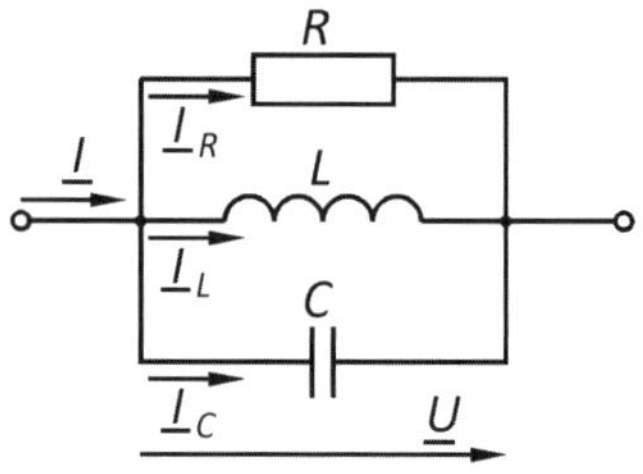

Berechnungen:

$$\underline{I} = \underline{I}_R + \underline{I}_L + \underline{I}_C = \underline{U}(G + \mathrm{j}B_L + \mathrm{j}B_C)$$

$$I = \sqrt{I_R^2 + (I_L - I_C)^2}$$

$$\underline{Y} = G - \frac{\mathrm{j}}{\omega L} + \mathrm{j}\omega C$$

$$Y = \sqrt{G^2 + \left(\omega C - \frac{1}{\omega L}\right)^2}$$

$$\tan\varphi = R\left(\frac{1}{\omega L} - \omega C\right)$$

R = Wirkwiderstand
G = Leitwert, $G = 1/R$
L = Induktivität
C = Kapazität
U = Gesamtspannung (Effektivwert)
U_R = Spannung am ohmschen Widerstand (Effektivwert)
U_L = induktive Blindspannung (Effektivwert)
U_C = kapazitive Blindspannung (Effektivwert)
φ = Phasenverschiebungswinkel, $\varphi = \varphi_u - \varphi_i$

$\underline{Z}$ = Impedanz der Schaltung
$\underline{Y}$ = Admittanz der Schaltung
X_L = induktiver Blindwiderstand
B_L = induktiver Blindleitwert
X_C = kapazitiver Blindwiderstand
B_C = kapazitiver Blindleitwert
I = Gesamtstromstärke (Effektivwert)
I_R = Stromstärke durch den ohmschen Widerstand (Effektivwert)
I_L = induktive Blindstromstärke (Effektivwert)
I_C = kapazitive Blindstromstärke (Effektivwert)

Zeigerdiagramme:

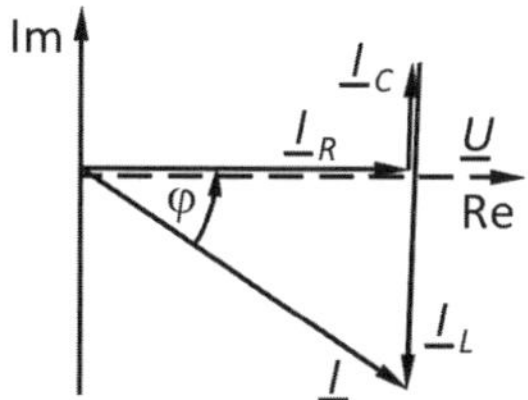

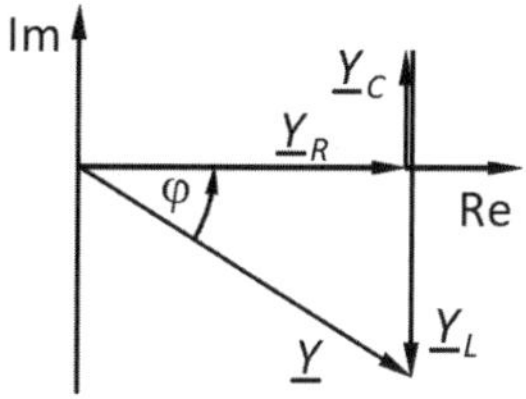

Elektrische Leistung

$S = UI, \underline{S} = P + \mathrm{j}Q = \underline{U} \cdot \underline{I}^*$	Scheinleistung, [S] = VA
$P = UI\cos\varphi$	Wirkleistung, [P] = W
$Q = UI\sin\varphi$	Blindleistung, [Q] = var

U = Effektivwert der Spannung

I = Effektivwert der Stromstärke

$\underline{I}^*$ = konjugiert komplexer Strom

$\cos\varphi = P/S$ = Leistungsfaktor; φ Phasenverschiebungswinkel, $\varphi = \varphi_u - \varphi_i$

Leistungsdreieck:

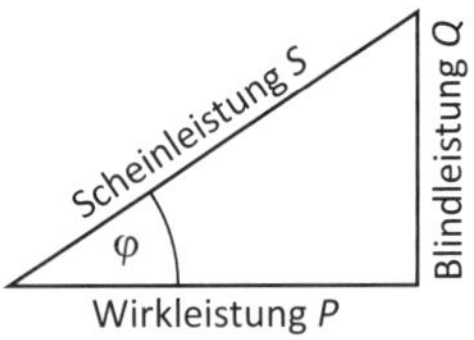

Resonanzfrequenz

(Parallel- und Reihenschwingkreis)

$$f_\mathrm{R} = \frac{1}{2\pi\sqrt{LC}}$$

Thomson'sche Gleichung

L = Induktivität

C = Kapazität

Strahlenoptik

38 Reflexion, Brechung und Dispersion

Brechzahl, Brechungsindex

$$n = \frac{c_0}{c} > 1$$

c_0 = Lichtgeschwindigkeit im Vakuum

c = Lichtgeschwindigkeit in einer lichtdurchlässigen Substanz (optisches Medium)

n = Brechzahl dieser Substanz

Brechungsgesetz

$$n \sin \varepsilon = n' \sin \varepsilon'$$

n = Brechzahl des einen Mediums (in der Skizze das optisch dünnere, aus dem das Licht kommt)

n' = Brechzahl des anderen Mediums (in der Skizze das optisch dichtere, in welches das Licht eintritt)

ε = Einfallswinkel (Winkel zwischen Lichtstrahl und Einfallslot im Medium mit der Brechzahl n)

ε' = Brechungswinkel (Winkel zwischen Lichtstrahl und Einfallslot im Medium mit der Brechzahl n')

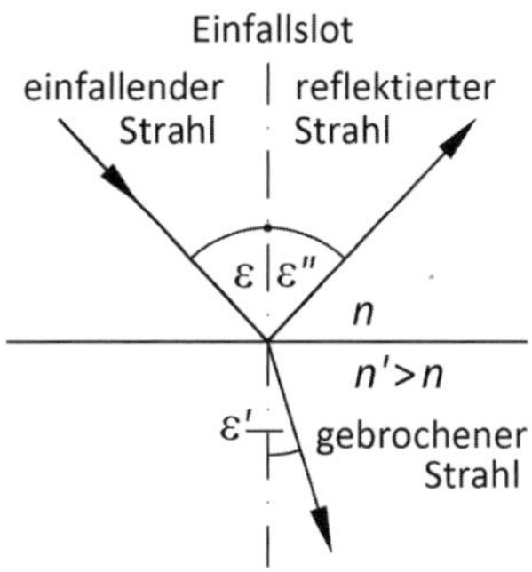

Reflexionsgesetz

$$\varepsilon'' = \varepsilon$$

ε'' = Reflexionswinkel (Winkel zwischen Einfallslot und reflektiertem Strahl)

Einfallender, reflektierter und gebrochener Strahl sowie das Einfallslot liegen in einer Ebene, die rechtwinklig auf der Grenzfläche zwischen den beiden Medien (n, n') steht.

Der Lichtweg ist umkehrbar.

Totalreflexion

$$\sin \varepsilon_g = \frac{n'}{n} < 1$$

n' = Brechzahl des optisch dünneren Mediums

n = Brechzahl des optisch dichteren Mediums, in dem sich das Licht ausbreitet

ε_g = Grenzwinkel der Totalreflexion, zu dem der Brechungswinkel $\varepsilon' = 90°$ gehört

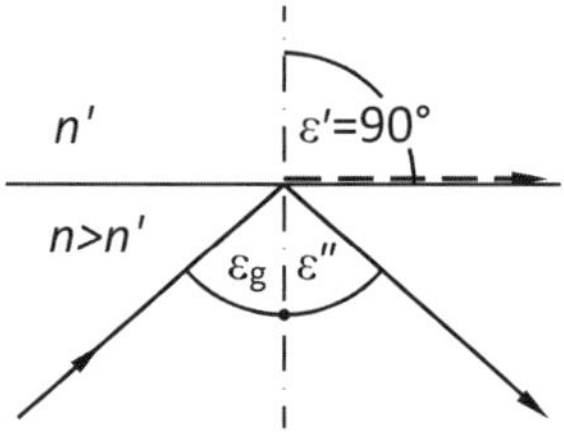

Trifft Licht in einem dichteren Medium auf die Grenzfläche zum dünneren Medium, so wird es für alle Einfallswinkel $\varepsilon > \varepsilon_g$ vollständig wieder in das dichtere Medium reflektiert (Totalreflexion).

Mittlere Dispersion

$$\vartheta = n_F - n_C$$

n_F = Brechzahl der betreffenden Substanz für λ = 486 nm (F-Linie, blau)
n_C = Brechzahl für λ = 656 nm (C-Linie, rot)
λ = Wellenlängen der Fraunhofer'schen Linien

Die Brechzahl n ist abhängig von der Wellenlänge λ des Lichtes, $n = n(\lambda)$. Diese Abhängigkeit heißt Dispersion.

Abbe'sche Zahl

$$\nu_d = \frac{n_d - 1}{n_F - n_C}$$

n_F, n_C = wie bei mittlerer Dispersion
n_d = Brechzahl für λ = 587,562 nm (gelb)

Einige Zahlenwerte zur Dispersion

	n_C	n_d	n_F	ϑ	ν
Wasser	1,3312	1,3330	1,3371	0,0059	56,4
Kronglas	1,5076	1,5100	1,5157	0,0081	62,9
Flintglas	1,6081	1,6128	1,6246	0,0165	37,0

39 Dünne Linse und Linsensysteme

Vorbemerkung: Die Vorzeichen von Strecken und Winkeln folgen den Regeln der DIN 1335 (Geometrische Optik, Bezeichnungen und Definitionen).

Abbildungsgleichung

$$\frac{1}{a'}-\frac{1}{a}=\frac{1}{f'}$$

Newton'sche Abbildungsgleichung

$$z \cdot z' = -f'^2$$

a = Objektweite; Abstand des Objektpunktes von der Linsenmittelebene, wird von der Linse aus in den Objektraum hinein negativ gezählt

a' = Bildweite; Abstand des Bildpunktes von der Linsenmittelebene, wird von der Linse aus in den Bildraum hinein positiv gezählt

f = objektseitige Brennweite, Abstand des objektseitigen Brennpunktes F von der Linsenmittelebene

f' = bildseitige Brennweite, Abstand des bildseitigen Brennpunktes F′ von der Linsenmittelebene. In der angegebenen Formel gilt $f = -f'$; das setzt voraus, dass sich zu beiden Seiten der Linse das gleiche Medium befindet.

z, z' = Gegenstands- und Bildweite von den Brennpunkten F und F′ gemessen

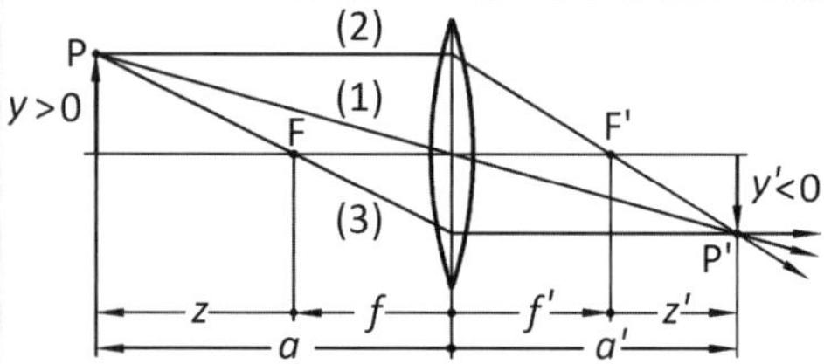

(1) Mittelpunktstrahlen (Strahlen durch die Linsenmitte); sie werden nicht gebrochen.

(2) Parallelstrahlen; sie verlaufen nach der Brechung durch den bildseitigen Brennpunkt F'.

(3) Brennpunktstrahlen (Strahlen durch den objektseitigen Brennpunkt F); sie verlaufen nach der Brechung achsenparallel. ■

Entsteht das Bild im Objektraum, wie z. B. bei der Lupe, so ist a' negativ ($a' < 0$). Entsprechend gilt $a > 0$, wenn sich das Objekt im Bildraum befindet (bei der zweiten Stufe einer zweistufigen Abbildung möglich, Zwischenbild der ersten Stufe ist virtuelles Objekt für die zweite Linse und kann sich hinter dieser befinden).

Abbildungsmaßstab

$$\beta' = \frac{y'}{y} = \frac{a'}{a}$$

y = Höhe des Objektpunktes über der optischen Achse; auch als Objektgröße bezeichnet

y' = Höhe des Bildpunktes über der optischen Achse; auch als Bildgröße bezeichnet

a = Objektweite; Gegenstandsweite

a' = Bildweite

Liegen Objekt- bzw. Bildpunkt unter der optischen Achse, so sind y bzw. y' negativ.

Brennweite

$$\frac{1}{f'} = D' = \left(\frac{n_L}{n_0} - 1\right)\left(\frac{1}{r_1} - \frac{1}{r_2}\right) \quad \text{Linsenmacher-Gleichung}$$

f' = Brennweite im Medium mit der Brechzahl n_0
D' = Brechkraft der Linse; $[D']$ = dpt = m^{-1} (Dioptrie)
n_0 = Brechzahl des an die Linse angrenzenden Mediums
n_L = Brechzahl des Linsenmaterials
r_1 = Krümmungsradius der ersten brechenden Fläche
r_2 = Krümmungsradius der zweiten brechenden Fläche

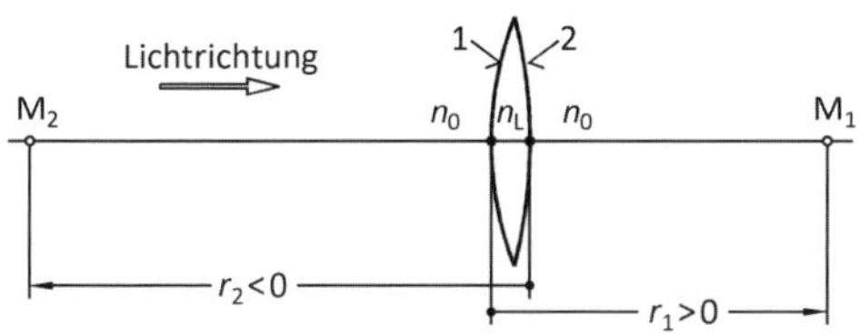

Ist die brechende Fläche in Lichtrichtung gesehen konvex (wie Fläche 1 in der Skizze), so ist $r > 0$, ist sie konkav (wie Fläche 2 in der Skizze), so ist $r < 0$.

Brechende Flächen werden in Lichtrichtung durchnummeriert.

Sind die Brennweite f' bzw. die Brechkraft D' positiv, dann handelt es sich um eine Sammellinse; sind sie negativ, dann ist es eine Zerstreuungslinse.

Brennweite eines Systems zweier dünner Linsen

$$\frac{1}{f'} = D' = \frac{1}{f_1'} + \frac{1}{f_2'} - \frac{e}{f_1' f_2'}$$

f' = Gesamtbrennweite eines Systems aus zwei dünnen Linsen
D' = Brechkraft des Systems
f_1' = Brennweite der ersten dünnen Linse
f_2' = Brennweite der zweiten dünnen Linse
e = Abstand der Mittelebenen der beiden dünnen Linsen

40 Dicke Linse

Abbildungsgleichung und Abbildungsmaßstab gelten in der gleichen Form wie für die dünne Linse. Die Bedeutung der Mittelebene der dünnen Linse wird bei der dicken Linse von den Hauptebenen H (objektseitig) und H' (bildseitig) übernommen. *a* und *f* werden von H aus, *a'* und *f'* von H' aus gemessen.

$$\frac{1}{f'} = D' = \left(\frac{n_L}{n_0} - 1\right)\left(\frac{1}{r_1} - \frac{1}{r_2}\right) + \frac{(n_L - n_0)^2}{n_L n_0}\frac{d}{r_1 r_2}$$

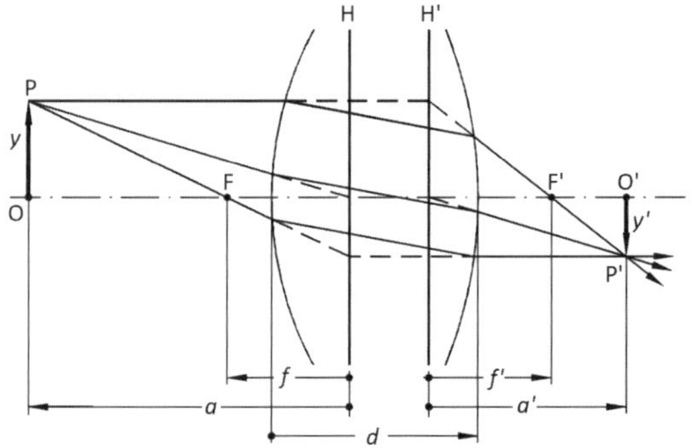

n_L, n_0, r_1, r_2 haben die gleiche Bedeutung wie bei der dünnen Linse
d = Abstand der Linsenscheitel (Linsendicke)
D' = Brechkraft; $[D']$ = dpt = m^{-1} (Dioptrie)

Der Raum zwischen den Hauptebenen bleibt bei der Bildkonstruktion unberücksichtigt.

41 Spiegel

Abbildungsgleichung

$$\frac{1}{a}+\frac{1}{a'}=\frac{1}{f'}$$

a = Objektweite; Entfernung des Gegenstands vom Spiegelscheitel, $a < 0$

a' = Bildweite; Entfernung des Bildes vom Spiegelscheitel; reelles Bild vor dem Spiegel für $a' < 0$, virtuelles Bild hinter dem Spiegel für $a' > 0$

f' = Brennweite; Entfernung des Brennpunktes F′ vom Spiegelscheitel; Brennpunkt vor dem Spiegel (Hohlspiegel) bedeutet $f' < 0$, Brennpunkt hinter dem Spiegel (Wölbspiegel) $f' > 0$

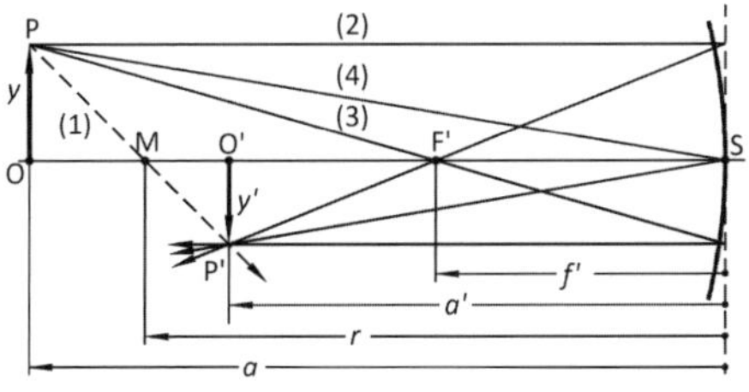

r = Krümmungsradius, beim Hohlspiegel ist $r < 0$, beim Wölbspiegel ist $r > 0$

(1) Strahlen durch den Krümmungsmittelpunkt M; sie werden in sich selbst reflektiert.
(2) Parallelstrahlen; sie werden in die Brennpunkte reflektiert.
(3) Brennpunktstrahlen; sie verlaufen nach der Reflexion achsenparallel.
(4) Strahlen durch den Spiegelscheitel S; sie werden unter dem gleichen Winkel zur optischen Achse reflektiert, unter dem sie einfallen.

Abbildungsmaßstab

$$\beta' = \frac{y'}{y} = -\frac{a'}{a}$$

y = Höhe des Objektpunktes über der optischen Achse; auch als Objektgröße (Gegenstandsgröße) bezeichnet

y' = Höhe des Bildpunktes über der optischen Achse; auch als Bildgröße bezeichnet

Liegen Objekt- bzw. Bildpunkt unter der optischen Achse, so gilt $y < 0$ bzw. $y' < 0$.

a und a' haben die gleiche Bedeutung wie in der Abbildungsgleichung.

Brennweite des Hohlspiegels

$$f' = \frac{r}{2} \qquad r, f' < 0$$

r = Krümmungsradius des Spiegels

Brennweite des Wölbspiegels

$$f' = \frac{r}{2} \qquad r, f' > 0$$

r = Krümmungsradius

Am Wölbspiegel entstehen nur virtuelle Bilder.

Ebener Spiegel

Krümmungsradius $r = \infty$

Brennweite $f' = \infty$

Aus der Abbildungsgleichung folgt

$$a' = -a$$

und daraus $\beta' = 1$ sowie $y = y'$.

42 Auge und optische Vergrößerung

Sehwinkel

$$\tan\sigma = \frac{y}{a}$$

Bei Paraxialstrahlen (kleiner Sehwinkel):

$$\sigma = \frac{y}{a}$$

σ = Sehwinkel; Winkel, unter dem das Auge einen Gegenstand sieht; in der Zeichnung ist $\sigma < 0$

y = Höhe eines Objektpunktes über der optischen Achse; auch als Objektgröße (Gegenstandsgröße) bezeichnet

y' = Höhe eines Bildpunktes über der optischen Achse; auch als Bildgröße bezeichnet

a = Objektweite; Gegenstandsweite; $a < 0$

a' = Bildweite; $a' > 0$

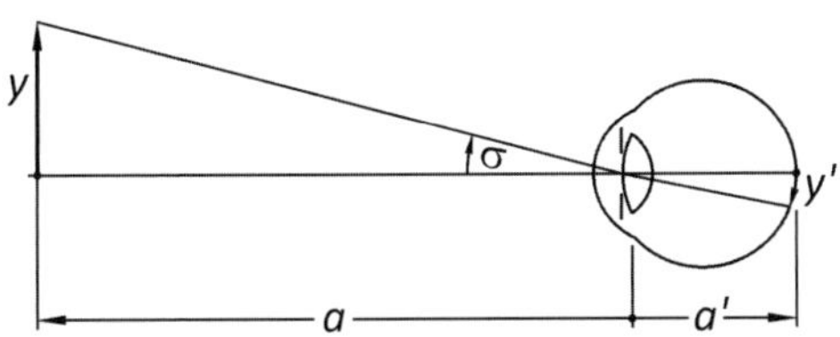

Bezugssehweite

$$a_B = -25\,\text{cm}$$

Die Bezugssehweite a_B ist eine Festlegung für den kleinsten Betrachtungsabstand bei bequemer **Akkommodation** mit normalsichtigem Auge.

Für das normalsichtige Auge liegt der **Nahpunkt** bei etwa 10 cm Betrachtungsabstand, der **Fernpunkt** im Unendlichen.

Brechwert (Brechkraft) einer Linse

$$D' = \frac{n}{f'}$$

f' = Brennweite der Linse

n = Brechzahl des umgebenden Mediums

Die Einheit des Brechwertes ist die Dioptrie (dpt);

$$1\,\text{dpt} = 1\,\text{m}^{-1}$$

Sonderfall (Linse in Luft; Brillenglas):

$$D' = \frac{1}{f'}$$

Vergrößerung

$$\Gamma' = \frac{\tan \sigma'}{\tan \sigma} \approx \frac{\sigma'}{\sigma}$$

σ' = Sehwinkel mit Gerät; Winkel, unter dem das Bild von einem Objekt mit Hilfe eines optischen Gerätes gesehen wird

σ = Sehwinkel ohne Gerät; Winkel, unter dem das Objekt mit bloßem Auge gesehen wird

Normalvergrößerung

$$\Gamma_0' = \frac{\sigma'}{\sigma_0}$$

σ' = Sehwinkel mit Gerät bei Betrachtung mit entspanntem, normalsichtigem Auge; das virtuelle Bild befindet sich im Unendlichen.

σ_0 = Sehwinkel ohne Gerät (Bei kleinen Objekten, die an das Auge herangeführt werden können, ist dieser Sehwinkel auf den Betrachtungsabstand a_B = −25 cm zu beziehen.)

43 Optische Geräte

Lupe

(Abbildung mit einer Sammellinse)

Der Gegenstand muss objektseitig zwischen Sammellinse und Brennweite gebracht werden, um ein vergrößertes, virtuelles und aufrechtes Bild, ebenfalls im Objektraum, zu erzeugen.

Strahlenverlauf (für $|a| < |f|$)

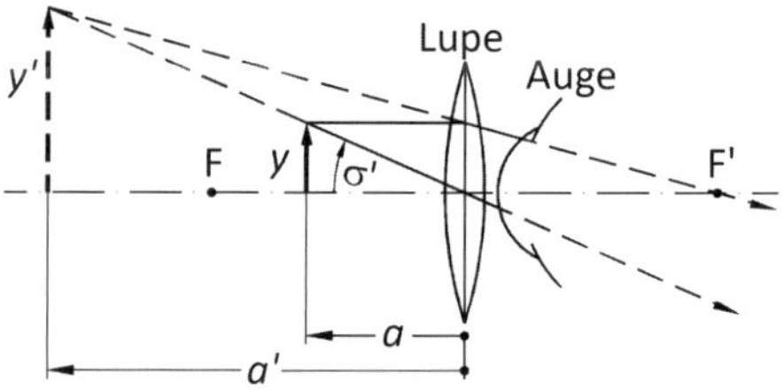

Vergrößerung:

$$\Gamma'_{\mathrm{L}} = \frac{a_{\mathrm{B}}}{a} = \frac{-25\ \mathrm{cm}}{a} > 0$$

Die Lupe erzeugt aufrechte Bilder.

Abbildungsmaßstab:

$$\beta' = \frac{f'}{f' + a} > 1$$

Sonderfall (virtuelles Bild in der Bezugssehweite; $a' = a_B$), d. h. Auge akkomodiert auf die Bezugssehweite −25 cm:

$$\beta' = \Gamma'_{L,A} = 1 - \frac{a_B}{f'} = 1 + \frac{25\ \text{cm}}{f'}$$

Normalvergrößerung (Betrachtung mit normalsichtigem, entspanntem Auge; Bild im Unendlichen):

$$\Gamma'_{L,0} = -\frac{a_B}{f'} = \frac{25\ \text{cm}}{f'}$$

a_B = Bezugssehweite; $a_B = -25$ cm
f' = Brennweite der Sammellinse; $f' > 0$
a = Objektweite; $|f| \geq |a| > 0$
a' = Bildweite; $a' = \dfrac{a f'}{a + f'} < 0$
y = Objektgröße
y' = Bildgröße; $y' = y\dfrac{a'}{a} = \beta' y$
σ = Sehwinkel ohne Lupe; $\sigma \approx \tan\sigma = \dfrac{y}{a_B}$
σ' = Sehwinkel mit Lupe; $\sigma' \approx \tan\sigma' = \dfrac{y'}{a'} = \dfrac{y}{a}$
β' = Abbildungsmaßstab; $\beta' = \dfrac{y'}{y} = \dfrac{a'}{a}$

Mikroskop

(Zweistufige Abbildung; Objektiv und Okular sind Sammellinsen)

1. Abbildungsstufe:

Das Objekt muss sich zwischen einfacher und doppelter Brennweite befinden. Es entsteht ein umgekehrtes, reelles, vergrößertes Bild.

2. Abbildungsstufe:

Das Bild der ersten Abbildungsstufe (Zwischenbild) wird zum Objekt für eine Betrachtung mit dem als Lupe verwendeten Okular. Das Auge sieht ein umgekehrt bleibendes, virtuelles, nochmals vergrößertes Endbild.

Strahlenverlauf, Normalvergrößerung, Abbildungsbeziehungen (Betrachtung mit entspanntem, normalsichtigem Auge; Endbild im Unendlichen):

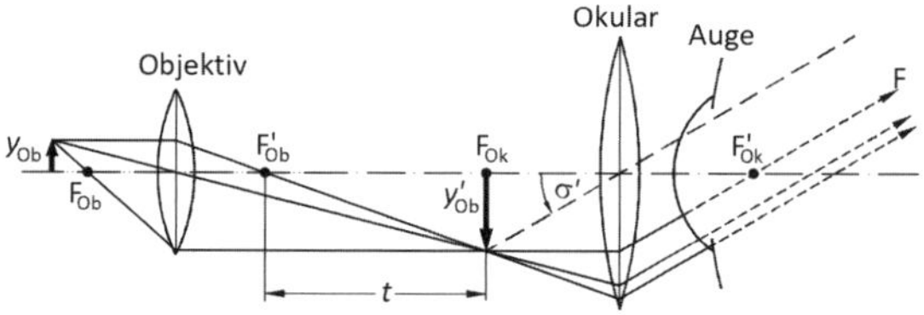

$$\Gamma'_{M,0} = \frac{t\,a_B}{f'_{Ob}\,f'_{Ok}} < 0$$

$$\Gamma'_{M,0} = \beta'_{Ob} \cdot \Gamma'_{Ok}$$

1. Stufe:

$$\frac{1}{f'_{Ob}} = \frac{1}{a'_{Ob}} - \frac{1}{a_{Ob}} \qquad t = a'_{Ob} - f'_{Ob}$$

$$\beta'_{Ob} = \frac{y'_{Ob}}{y_{Ob}} = \frac{a'_{Ob}}{a_{Ob}} = -\frac{t}{f'_{Ob}}$$

2. Stufe:

$$a_{Ok} = f_{Ok} = -f'_{Ok} \qquad a'_{Ok} = -\infty$$

$$\Gamma'_{Ok} = \frac{a_B}{f_{Ok}} = -\frac{a_B}{f'_{Ok}}$$

Vergrößerung, wenn Endbild in der Bezugssehweite (Gegenstandsweite wird geringfügig verkürzt):

$$\Gamma'_{M,A} = \beta'_{Ob}\Gamma'_{Ok} = \frac{t\left(a_B - f'_{Ok}\right) - f'^2_{Ok}}{f'_{Ob}\,f'_{Ok}} \qquad \left|\Gamma'_{M,A}\right| > \left|\Gamma'_{M,0}\right|$$

(Gegenstandsweite am Objektiv wird geringfügig verkürzt)

Projektionsmikroskop

Das Okular wird durch ein Projektiv ersetzt. Mit diesem wird das umgekehrte Zwischenbild, das sich innerhalb einfacher und doppelter Brennweite befinden muss, in ein aufrechtes Endbild abgebildet.

$$\beta' = \beta'_{\text{Ob}}\,\beta'_{\text{Pr}} = \frac{t\left(a'_{\text{Pr}} - f'_{\text{Pr}}\right)}{f'_{\text{Ob}}\,f'_{\text{Pr}}} = \frac{y'_{\text{Pr}}}{y_{\text{Ob}}}$$

$$\frac{1}{f'_{\text{Pr}}} = \frac{1}{a'_{\text{Pr}}} - \frac{1}{a_{\text{Pr}}} \qquad \beta'_{\text{Ob}} = \frac{a'_{\text{Ob}}}{a_{\text{Ob}}} \qquad \beta'_{\text{Pr}} = \frac{a'_{\text{Pr}}}{a_{\text{Pr}}}$$

a_B = Bezugssehweite; a_B = −25 cm
t = Tubuslänge; Abstand zwischen den Brennpunkten F'_{Ob} und F_{Ok}
$t = a'_{Ob} - f'_{Ob}$
f'_{Ob} = Objektivbrennweite
f'_{Ok} = Okularbrennweite
f'_{Pr} = Projektivbrennweite
a_{Ob} = Objektweite bei der Abbildung mit dem Objektiv
a'_{Ob} = Bildweite bei der Abbildung mit dem Objektiv
a_{Ok} = Objektweite bei der Abbildung mit dem Okular
a'_{Ok} = Bildweite bei der Abbildung mit dem Okular
a'_{Pr} = Bildweite bei der Abbildung mit dem Projektiv
β'_{Ob} = Abbildungsmaßstab des Objektivs (1. Stufe)
β'_{Pr} = Abbildungsmaßstab des Projektivs
β' = Abbildungsmaßstab der Gesamtabbildung mit dem Projektiv
F'_{Ob} = bildseitiger Brennpunkt des Objektivs
F_{Ok} = objektseitiger Brennpunkt des Okulars
Γ'_{Ok} = Lupenvergrößerung des Okulars (2. Stufe)
$\Gamma'_{M,A}$ = Vergrößerung des Mikroskops (1. und 2. Stufe), bei Akkomodation auf die Bezugssehweite
$\Gamma'_{M,0}$ = Normalvergrößerung des Mikroskops (1. und 2. Stufe)
y_{Ob} = Objektgröße
y'_{Ob} = Zwischenbildgröße
y'_{Pr} = Bildgröße bei der Abbildung mit dem Projektiv

Kepler'sches oder astronomisches Fernrohr

(Zweistufige Abbildung; Objektiv und Okular sind Sammellinsen.)

Teleskopischer Strahlengang (es treten Parallelstrahlen in das Objektiv ein, und es verlassen Parallelstrahlen das Okular):

1. Abbildungsstufe:

Verkleinertes, umgekehrtes, reelles Bild in der Brennebene des Objektivs (Zwischenbild).

2. Abbildungsstufe:

Das Zwischenbild wird zum Objekt für das Okular, durch das dem Auge ein virtuelles, vergrößertes, umgekehrt bleibendes Bild im Unendlichen erscheint (Lupenbetrachtung).

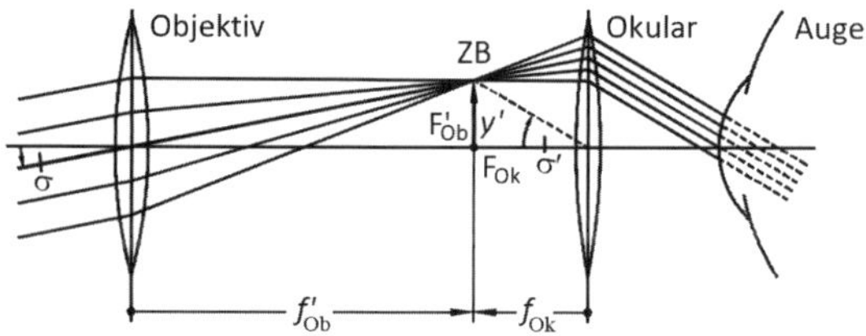

$$\Gamma'_{\mathrm{F},0} = \frac{\tan\sigma'}{\tan\sigma} = -\frac{f'_{\mathrm{Ob}}}{f'_{\mathrm{Ok}}} < 0$$

$$f'_{\mathrm{Ob}} = a'_{\mathrm{Ob}} \quad (1.\ \text{Stufe}) \quad y'_{\mathrm{Ob}} = y_{\mathrm{Ok}} = y' \quad f_{\mathrm{Ok}} = a_{\mathrm{Ok}} \quad (2.\ \text{Stufe})$$

$$\tan\sigma' = \frac{y'}{f_{\mathrm{Ok}}} = -\frac{y'}{f'_{\mathrm{Ok}}} \qquad \tan\sigma = \frac{y'}{f'_{\mathrm{Ob}}}$$

Vom teleskopischen Strahlengang abweichende (allgemeinere) Strahlenverläufe:

Werden Objekte mit geringer Objektweite (in der Nähe) mit dem Fernrohr betrachtet und soll auf ein Endbild akkommodiert werden, das sich nicht im Unendlichen befindet, so gilt

$$\Gamma'_{\mathrm{F,A}} = \beta'_{\mathrm{Ob}}\,\Gamma'_{\mathrm{Ok}} = \beta'_{\mathrm{Ob}}\,\frac{a_{\mathrm{B}}}{a_{\mathrm{Ok}}} < 0$$

Bei Betrachtung des Endbildes in der Bezugssehweite a_B, wird

$$\Gamma'_{Ok} = \beta'_{Ok} = \frac{f'_{Ok} - a_B}{f'_{Ok}} = 1 - \frac{a_B}{f'_{Ok}}$$

Bei Verwendung eines Projektivs anstelle des Okulars muss das Projektiv so in Position gebracht werden, dass sich das Zwischenbild objektseitig zwischen der einfachen und doppelten Brennweite des Projektivs befindet. Vom umgekehrten Zwischenbild entsteht ein aufrechtes, reelles, vergrößertes Endbild (auf einem Schirm oder einer fotografischen Platte).

Der Abbildungsmaßstab beträgt

$$\beta' = \beta'_{Ob}\,\beta'_{Pr} = \frac{a'_{Ob}\,a'_{Pr}}{a_{Ob}\,a_{Pr}} = \frac{y'_{Pr}}{y_{Ob}}$$

Γ'_F = Vergrößerung des Fernrohres (1. und 2. Stufe)

$\Gamma'_{F,0}$ = Normalvergrößerung des Fernrohres (1. und 2. Stufe; teleskopischer Strahlengang)

β' = Abbildungsmaßstab des Fernrohres (1. und 2. Stufe; mit Projektiv)

β'_{Ob} = Abbildungsmaßstab des Objektivs (1. Stufe)

β'_{Ok} = Abbildungsmaßstab des Okulars (2. Stufe)

β'_{Pr} = Abbildungsmaßstab des Projektivs (2. Stufe)

f'_{Ob} = Objektivbrennweite

f'_{Ok} = Okularbrennweite

f'_{Pr} = Projektivbrennweite

a_{Ob} = Objektweite bei der Abbildung mit dem Objektiv

a_{Ok} = Objektweite bei der Abbildung mit dem Okular

a_{Pr} = Objektweite bei der Abbildung mit dem Projektiv

a'_{Ob} = Bildweite bei der Abbildung mit dem Objektiv

a'_{Ok} = Bildweite bei der Abbildung mit dem Okular

a'_{Pr} = Bildweite bei der Abbildung mit dem Projektiv

y_{Ob} = Objektgröße

y' = Zwischenbildgröße

y'_{Pr} = Endbildgröße bei Verwendung des Projektivs

F'_{Ob} = bildseitiger Brennpunkt des Objektivs

F_{Ok} = objektseitiger Brennpunkt des Okulars

Galilei'sches Fernrohr

(Zweistufige Abbildung; das Objektiv ist eine Sammellinse, das Okular eine Zerstreuungslinse)

Teleskopischer Strahlengang (es treten Parallelstrahlen in das Objektiv ein, und es verlassen Parallelstrahlen das Okular):

1. Abbildungsstufe:

Verkleinertes, umgekehrtes, reelles Bild in der Brennebene des Objektivs (Zwischenbild).

2. Abbildungsstufe:

Das Okular befindet sich zwischen Objektiv und dessen bildseitigem Brennpunkt F'_{Ob}. Mit diesem Brennpunkt muss auch der Brennpunkt F_{Ok} des Okulars zusammenfallen. Damit wird das Zwischenbild zum virtuellen Gegenstand ($a_{Ok} > 0$) für die Abbildung mit dem Okular. Das Auge sieht ein virtuelles, vergrößertes, aufrechtes Endbild im Unendlichen.

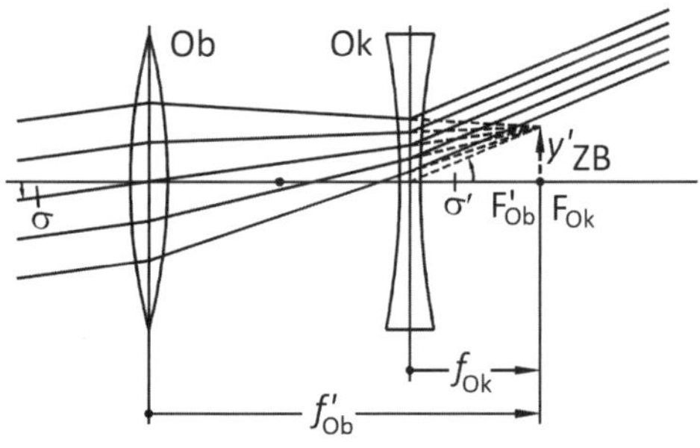

$$\Gamma'_{F,0} = -\frac{f'_{Ob}}{f'_{Ok}} > 0$$

$$f'_{Ob} = a'_{Ob} \quad y'_{Ob} = y_{Ok} = y' \quad f_{Ok} = a_{Ok} > 0$$

$$\tan\sigma' = \frac{y'}{f_{Ok}} = -\frac{y'}{f'_{Ok}} \quad \tan\sigma = \frac{y'}{f'_{Ob}}$$

Vom teleskopischen Strahlengang abweichende (allgemeinere) Strahlenverläufe: siehe Entsprechendes bei Kepler'sches oder astronomisches Fernrohr.

Gleiches gilt für die Erläuterungen der physikalischen Größen, ausgenommen f'_{Ok} Okularbrennweite; $f'_{\text{Ok}} < 0, f_{\text{Ok}} > 0$

Besonderheiten bei Linsensystemen

Beliebiger Strahl:

Nachdem ein spezieller Strahl (Parallelstrahl, ...) die erste Abbildungsstufe durchlaufen hat, fällt er im Allgemeinen als beliebiger Strahl auf eine Linse der zweiten Stufe.

Für einen beliebigen Strahl wird ein zu diesem parallel verlaufender Mittelpunktstrahl (als Hilfsstrahl) gezeichnet. Durch den Schnittpunkt dieses Hilfsstrahles mit der Brennebene einer Sammellinse verläuft der beliebige Strahl nach Verlassen der Sammellinse weiter. Trifft er auf eine Zerstreuungslinse, so verläuft er nach dieser so, als käme er vom Schnittpunkt des Hilfsstrahles mit der virtuellen Brennebene der Zerstreuungslinse (Zerstreuungsebene).

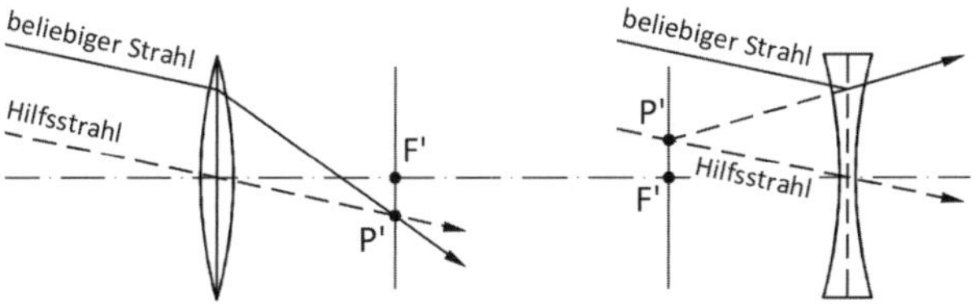

Kollektiv- oder Feldlinse

Wird eine Sammellinse an den Ort oder in die Nähe eines Zwischenbildes eines Linsensystems gebracht, so verändert diese nicht den Abbildungsvorgang. Sie sorgt aber als Kollektivlinse dafür, dass das Gesichtsfeld erweitert wird, indem sie das Objektiv in die Okularebene abbildet.

$$\frac{1}{f'_{\mathrm{Ko}}} = \frac{1}{f'_{\mathrm{Ob}} + t} + \frac{1}{f'_{\mathrm{Ok}}} \quad \text{(Kollektivlinse im Mikroskop)}$$

$$\frac{1}{f'_{\mathrm{Ko}}} = \frac{1}{f'_{\mathrm{Ob}}} + \frac{1}{f'_{\mathrm{Ok}}} \quad \text{(Kollektivlinse im Keplerschen Fernrohr)}$$

f'_{Ko} = Brennweite der Kollektivlinse
f'_{Ob} = Brennweite des Objektivs
f'_{Ok} = Brennweite des Okulars
t = Tubuslänge des Mikroskops

Meist bildet die Kollektivlinse zusammen mit dem Okular eine (auswechselbare) bauliche Einheit.

Fotografisches Objektiv

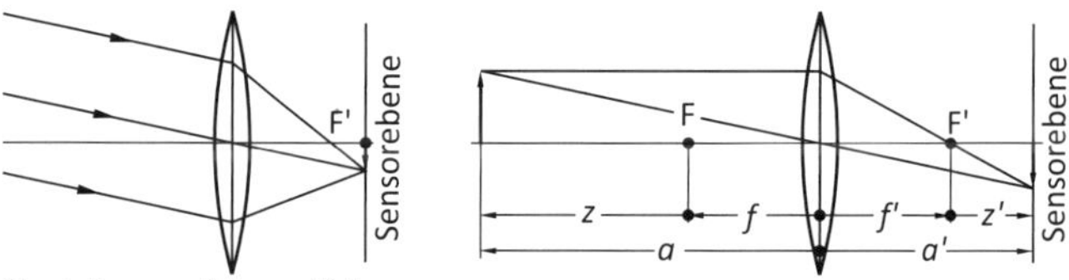

Einstellung auf Unendlich   Einstellung im Nahbereich

$$\frac{1}{f'} = \frac{1}{a'} - \frac{1}{a} \qquad a' = \frac{a f'}{a + f'} \qquad a = \frac{a' f'}{f' - a'}$$

$$\beta' = \frac{y'}{y} = \frac{a'}{a} = \frac{f' - a'}{f'} = \frac{f'}{a + f'}$$

$$k = \frac{f'}{d}$$

Objektivauszug bei Aufnahmen im Nahbereich:

$$z' = a' - f' = -\frac{f'^2}{a + f'} > 0$$

f' = Objektivbrennweite
a = Objektweite

a' = Bildweite
β' = Abbildungsmaßstab; $\beta' < 0$
k = Blendenzahl
d = Durchmesser der Öffnungsblende

Die Beziehungen für die Abbildung mit der dünnen Linse gelten auch für die dicke Linse und Linsensysteme, wenn die Existenz der Hauptebenen berücksichtigt wird.

Abbildungsgleichung und Abbildungsmaßstab sind auch für eine Abbildung mit dem Projektiv (Bildwerfer) gültig.

Bereich der Schärfentiefe

$$\Delta a = a_\text{v} - a_\text{h}$$

$$a_\text{v} = \frac{a f'^2}{f'^2 - u' k (a + f')} \quad a_\text{h} = \frac{a f'^2}{f'^2 + u' k (a + f')}$$

a = nominelle Gegenstandsweite
a_v = vordere Grenzentfernung
a_h = hintere Grenzentfernung
u' = akzeptabler Unschärfedurchmesser in der Bildebene
k = Blendenzahl

Teleobjektiv

(Linsensystem mit Sammel- und Zerstreuungslinse)

Strahlenverlauf für einen Gegenstand in sehr großer Entfernung:

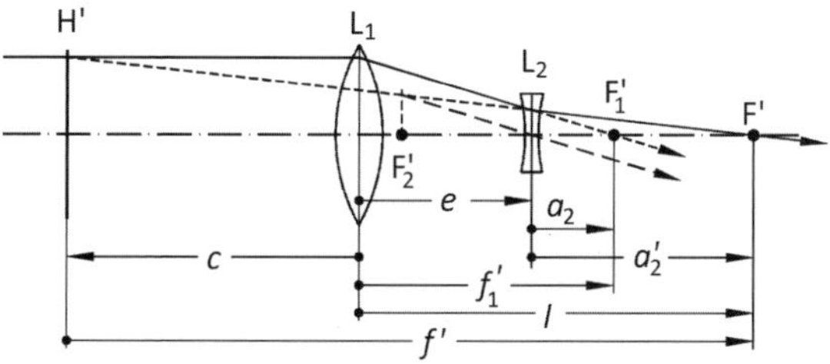

Das reelle Zwischenbild der 1. Abbildungsstufe (mit Linse 1) wird nach Einbringen der Linse 2 zum virtuellen Objekt der 2. Abbildungsstufe.

Brennweite des Systems:

$$f' = \frac{f_1' f_2'}{f_1' + f_2' - e}$$

Abstand der bildseitigen Hauptebene H′ von der Frontlinse (Sammellinse):

$$c = \frac{e(f_1' - e)}{f_1' + f_2' - e}$$

Abstand des Systembrennpunktes F′ von der Frontlinse:

$$l = \frac{(f_1' - e) f_2'}{f_1' + f_2' - e} + e$$

e = Abstand der Mittelebenen der beiden dünnen Linsen

f'_1 = Brennweite der Sammellinse (L_1) $f'_1 > 0$

f'_2 = Brennweite der Zerstreuungslinse (L_2); $f'_2 < 0$

F_1' = bildseitiger Brennpunkt der Sammellinse

F_2' = bildseitiger Brennpunkt (vor der Linse!) der Zerstreuungslinse

a_2 = Objektweite des virtuellen Gegenstandes bei der Abbildung mit der Linse 2; $a_2 > 0$

a_2' = Bildweite (bezüglich Linse 2) des Endbildes

H′ = bildseitige Hauptebene des Systems

Eine Änderung von e ergibt eine Änderung von f': Gummilinse (Zoom)

Wellenoptik

44 Energie

Strahlungsvektor, Poynting-Vektor, Energiestromdichtevektor

$$\vec{S} = \vec{E} \times \vec{H} \qquad [S] = \mathrm{W/m^2}$$

$\vec{E}$ = elektrische Feldstärke; $\vec{E}$ und $\vec{S}$ bestimmen die Schwingungsebene des Lichtes

$\vec{H}$ = magnetische Feldstärke; stets gilt: $\vec{E} \perp \vec{H}$

Energieerhaltungssatz für ein strahlendes Volumen

$$-\frac{\mathrm{d}W_\mathrm{m}}{\mathrm{d}t} - \frac{\mathrm{d}W_\mathrm{e}}{\mathrm{d}t} = P_\mathrm{J} + \oint \vec{S}\,\mathrm{d}\vec{A}$$

$\frac{\mathrm{d}W_\mathrm{m}}{\mathrm{d}t}$ = zeitliche Abnahme der magnetischen Feldenergie; $\mathrm{d}W_\mathrm{m} < 0$

$\frac{\mathrm{d}W_\mathrm{e}}{\mathrm{d}t}$ = zeitliche Abnahme der elektrischen Feldenergie; $\mathrm{d}W_\mathrm{e} < 0$

P_J = Stromwärmeverlust, Joule'sche Wärmeleistung

$\oint \vec{S}\,\mathrm{d}\vec{A}$ = aus der Oberfläche des betrachteten Volumens austretende Strahlungsenergie

45 Interferenz

(insbesondere Zweistrahlinterferenz; linear polarisiertes, kohärentes Licht; nahezu parallele Schwingungsebenen)

Feldstärken der Primärwellen am Ort der Interferenz

$$E_1 = \hat{E}_1 \cos(\omega t - ks_1 + \varphi_1)$$
$$E_2 = \hat{E}_2 \cos(\omega t - ks_2 + \varphi_2)$$

$\hat{E}_1, \hat{E}_2$ = Amplituden der elektrischen Feldstärken der Primärwellen

ω = übereinstimmende Kreisfrequenz der Primärwellen

k = übereinstimmende Wellenzahl der Primärwellen

s_1, s_2 = Entfernungen von den Quellen der Primärwellen bis zum Ort ihrer Interferenz

φ_1, φ_2 = Phasenwinkel der beiden Quellen der Primärwellen

Resultierende Feldstärkeamplitude am Ort der Interferenz

$$\hat{E} = \sqrt{\hat{E}_1^2 + \hat{E}_2^2 + 2\hat{E}_1\hat{E}_2 \cos[k(s_2 - s_1) - (\varphi_2 - \varphi_1)]}$$

Intensitäten der Primärwellen

$$I_1 = \frac{1}{2}\frac{\hat{E}_1^2}{Z}$$
$$I_2 = \frac{1}{2}\frac{\hat{E}_2^2}{Z}$$

Z = Wellenwiderstand des durchstrahlten Mediums (Vakuum: $Z = 377\ \Omega$)

Resultierende Intensität am Ort der Interferenz

(Punkt im Überlagerungsgebiet der beiden Lichtwellen)

$$I = I_1 + I_2 + 2\sqrt{I_1 I_2}\cos\left[k(s_2 - s_1) - (\varphi_2 - \varphi_1)\right]$$

Phasendifferenz

$\Delta\alpha = k(s_2 - s_1) - (\varphi_2 - \varphi_1)$

$\Delta\alpha = m \cdot 2\pi$ Intensität maximal

$\Delta\alpha = \left(m + \frac{1}{2}\right) \cdot 2\pi$ Intensität minimal

Gangunterschied

$$\Delta s = s_2 - s_1$$

Wenn die Quellen die Primärwellen gleichphasig ausstrahlen,

gilt $\varphi_2 - \varphi_1 = 0$,

daher $\frac{\Delta\alpha}{2\pi} = \frac{\Delta s}{\lambda}$;

maximale Intensität (konstruktive Interferenz) bei

$$\Delta s = m\lambda$$

minimale Intensität (destruktive Interferenz) bei

$$\Delta s = \left(m + \frac{1}{2}\right)\lambda$$

k = Wellenzahl

s = optische Weglänge von der Quelle der Primärwelle bis zum Ort der Interferenz; $s = nl$

n = Brechzahl

l = geometrische Länge des Lichtweges im Medium mit der Brechzahl n

φ = Phasenwinkel der Primärwelle

m = ganze Zahl; $m = 0; \pm 1; \pm 2; \ldots$

λ = Wellenlänge

Kohärenzbedingung

$$2a \sin\alpha \ll \lambda$$

a = Ausdehnung der Lichtquelle

α = Winkel, unter dem die sich überlagernden Wellenzüge ausgesandt werden

λ = Wellenlänge

46 Beugung

Huygens-Fresnel'sches Prinzip

Alle Punkte des Raumes, die von einer Wellenfront getroffen werden, wirken wie elementare Lichtquellen, von denen kohärentes Licht ausgeht.

Das beobachtete Wellenfeld entsteht durch Überlagerung (Interferenz) der elementaren Lichtwellen.

Beugung am Spalt – Intensitätsverteilung

$$\sin\alpha_{\text{min}} = \pm\, m\frac{\lambda}{b}$$

$$\sin\alpha_{\text{max}} \approx \pm\left(m+\frac{1}{2}\right)\frac{\lambda}{b}$$

α_{min} = Richtungen, in denen die Dunkelstellen des Beugungsbildes liegen

α_{max} = Richtungen, in denen die Hellstellen (Nebenmaxima) liegen. Das Hauptmaximum liegt in Geradeausrichtung ($\alpha = 0$)

λ = Wellenlänge

b = Spaltbreite

m = Beugungsordnung; $m = 1; 2; 3; \ldots$

Beugung an der Lochblende

$$\sin\alpha_{\min} = q \cdot \frac{\lambda}{d}$$

$\alpha_{\min}$ = Winkel gegenüber der Einfallsrichtung des Lichtes, in denen die dunklen Ringe des Beugungsbildes erscheinen

q = Zahl; q = 1,22; 2,23; 3,24; 4,24; …

λ = Wellenlänge

d = Durchmesser der Lochblende

Der erste dunkle Ring begrenzt das Airy'sche Beugungsscheibchen, das als Abbildung eines Objektpunktes auftritt und die Auflösungsgrenze bestimmt; für das Beugungsscheibchen gilt

$$\sin\alpha_0 = 1{,}22 \cdot \lambda / d$$

α_0 = Winkel gegenüber der Einfallsrichtung des Lichtes, in welchem der Rand des Beugungsscheibchens erscheint, von der Lochmitte aus gesehen

Beugung am Doppelspalt und am optischen Gitter – Intensitätsmaximum

(Licht fällt rechtwinklig auf die Gitterebene)

$$\sin\alpha_m = \pm\, m\frac{\lambda}{g}$$

α_m = Winkel gegenüber der Einfallsrichtung des Lichtes, in denen helle Streifen des Beugungsbildes liegen (Hauptmaxima)

m = Beugungsordnung; m = 1; 2; 3; …

λ = Wellenlänge

g = Spaltabstand, Gitterkonstante

Es existieren p – 2 Nebenmaxima zwischen benachbarten Intensitätshauptmaxima beim Gitter mit p Spalten.

Beugung am Doppelspalt – Intensitätsminimum

$$\sin\alpha'_m = \pm\left(m + \frac{1}{2}\right)\frac{\lambda}{g}$$

α'_m = Winkel gegenüber der Einfallsrichtung des Lichtes, in denen dunkle Streifen des Beugungsbildes liegen

g = Spaltabstand

m = Beugungsordnung; m = 1; 2; 3;…

Beugung am Gitter bei schrägem Lichteinfall – Intensitätsmaxima

$$\sin\alpha_m - \sin\alpha_0 = \pm\, m\frac{\lambda}{g}$$

oder

$$\cos\alpha^*_m - \cos\alpha^*_0 = \pm\, m\frac{\lambda}{g}$$

α_0 = Einfallswinkel in Bezug auf die Gitternormale

α_m = Beugungswinkel in Bezug auf die Gitternormale

α^*_0 = Einfallswinkel in Bezug auf die Gitterebene; $\alpha^*_0 = 90^\circ - \alpha_0$

α^*_m = Beugungswinkel in Bezug auf die Gitterebene; $\alpha^*_m = 90^\circ - \alpha_m$

m = Beugungsordnung; m = 0; 1; 2;…

λ = Wellenlänge

g = Gitterkonstante

Beugung von Röntgenstrahlen an Kristallen – Laue-Bedingungen

$$\cos\alpha^* - \cos\alpha^*_0 = m_1\frac{\lambda}{d_1}$$

$$\cos\beta^* - \cos\beta^*_0 = m_2\frac{\lambda}{d_2}$$

$$\cos\gamma^* - \cos\gamma^*_0 = m_3\frac{\lambda}{d_3}$$

$\alpha^*, \beta^*, \gamma^*$ = Beugungswinkel in Bezug auf die drei Translationsrichtungen eines Translations-Kristallgitters

$\alpha_0^*, \beta_0^*, \gamma_0^*$ = Einfallswinkel in Bezug auf diese drei Richtungen

m_1, m_2, m_3 = Beugungsordnungen in Bezug auf diese drei Richtungen; $m = 1; 2; 3; \ldots$

d_1, d_2, d_3 = Gitterkonstanten der in diese drei Richtungen erstreckten Kristallgitterstrukturen

Röntgenbeugung an Kristallen – selektive Reflexion an Netzebenen – Bragg'sche Gleichung

$$2d \sin \vartheta = m\lambda$$

d = Netzebenenabstand

ϑ = Glanzwinkel

λ = Wellenlänge der Röntgenstrahlung, die unter dem Glanzwinkel maximale Intensität hat

m = Beugungsordnung; $m = 1; 2; 3; \ldots$

Auflösungsvermögen eines Gitterspektralapparates

$$\frac{\lambda}{\lambda_2 - \lambda_1} = m \cdot p$$

m = Beugungsordnung; $m = 1; 2; 3; \ldots$

p = Anzahl der Spalte des Beugungsgitters

λ_2, λ_1 = dicht benachbarte, noch getrennt wahrnehmbare Wellenlängen

λ = Mittelwert von λ_1 und λ_2

47 Reflexion und Brechung polarisierten Lichtes

Fresnel'sche Formeln

Licht fällt auf eine Grenzfläche zwischen zwei verschiedenen Medien

$$\varrho_{\parallel} = \frac{I_{R\parallel}}{I_{0\parallel}} = \frac{\tan^2(\varepsilon - \varepsilon')}{\tan^2(\varepsilon + \epsilon')}$$

$$\tau_{\parallel} = \frac{I_{D\parallel}}{I_{0\parallel}} = \frac{\sin 2\varepsilon \sin 2\varepsilon'}{\sin^2(\varepsilon + \varepsilon')\cos^2(\varepsilon - \varepsilon')}$$

$$\varrho_{\perp} = \frac{I_{R\perp}}{I_{0\perp}} = \frac{\sin^2(\varepsilon - \varepsilon')}{\sin^2(\varepsilon + \varepsilon')}$$

$$\tau_{\perp} = \frac{I_{D\perp}}{I_{0\perp}} = \frac{\sin 2\varepsilon \sin 2\varepsilon'}{\sin^2(\varepsilon + \varepsilon')}$$

ε = Einfallswinkel

ε' = Brechungswinkel

ϱ = Reflexionsgrad

τ = Transmissionsgrad

$\parallel$ = Index für Licht, das parallel zur Einfallsebene polarisiert ist

$\perp$ = Index für Licht, das normal zur Einfallsebene polarisiert ist

I_D = Intensität des durchgelassenen Lichtes

I_R = Intensität des reflektierten Lichtes

I_0 = Intensität des einfallenden Lichtes

Brewster'sches Gesetz

Für $\varepsilon + \varepsilon' = 90°$ folgt aus dem Brechungsgesetz

$$\tan\varepsilon = n'/n$$

In diesem Falle heißt ε Polarisationswinkel; Bezeichnung ε_p. Aus den Fresnel'schen Formeln folgt für $\varepsilon = \varepsilon_p$

$$\varrho_{\parallel} = 0$$

$$\tau_{\parallel} = 1$$

Reflexionsgrad und Transmissionsgrad bei senkrechtem Einfall ($\varepsilon = \varepsilon' = 0$)

$$\varrho = \left(\frac{n-n'}{n+n'}\right)^2; \quad \varrho = \varrho_{\parallel} = \varrho_{\perp}$$

$$\tau = \frac{4nn'}{(n+n')^2}; \quad \tau = \tau_{\parallel} = \tau_{\perp}$$

n, n' = Brechungsindizes der beiden Medien

Foto- und Radiometrie

48 Strahlungsphysikalische Größen, Radiometrie

Strahlungsenergie

$$Q_e = mc\Delta T \qquad [Q_e] = \text{J}$$

m = Masse des Messfühlers, der die Strahlung aufnimmt
c = spezifische Wärmekapazität des Messfühlers
ΔT = Temperaturerhöhung des Messfühlers infolge der Strahlungseinwirkung

Strahlungsfluss (Strahlungsleistung)

$$\Phi_e = \frac{\mathrm{d}Q_e}{\mathrm{d}t}; \quad Q_e = \int \Phi_e(t)\mathrm{d}t \qquad [\Phi_e] = \text{W}$$

Bei zeitlich konstantem Strahlungsfluss: $Q_e = \Phi_e \cdot t$

Strahlstärke

$$I_e = \frac{\mathrm{d}\Phi_e}{\mathrm{d}\Omega}; \quad \Phi_e = \int I_e(\Omega)\mathrm{d}\Omega \qquad [I_e] = \frac{\text{W}}{\text{sr}}$$

Φ_e = Strahlungsfluss
Ω Raumwinkel; $\quad \Omega = \frac{A}{r^2}\Omega_0; \quad \Omega_0 = 1\ \text{sr}$

Bei gleichmäßiger (kugelsymmetrischer) Ausleuchtung der Umgebung des Strahlers: $\Phi_e = I_e \cdot 4\pi\ \text{sr}$

Strahldichte bei Abstrahlung in Normalenrichtung

(auf die strahlende Fläche bezogene Strahlstärke)

$$L_e = \frac{dI_e}{dA}; \quad I_e = \int L_e dA \qquad [L_e] = \frac{W}{m^2\ sr}$$

Bei konstanter Strahldichte: $I_e = L_e A$

Strahldichte bei Abstrahlung unter dem Winkel ε zur Normalenrichtung – Lambert'sches Gesetz

Die Strahldichte einer völlig diffus strahlenden Fläche A ist unabhängig vom Abstrahlungswinkel; die Strahlstärke ist proportional cos ε.

$$dI_e = L_e dA \cos\varepsilon$$

I_e = Strahlstärke

A = strahlende Fläche der Strahlungsquelle

ε = Abstrahlungswinkel

Strahlende Flächen, für die das Lambert'sche Gesetz streng gilt, heißen Lambert-Strahler.

Strahlungsflussdichte oder spezifische Ausstrahlung

(Energiestromdichte, Leistungsdichte)

$$M_e = \frac{d\Phi_e}{dA} \qquad [M_e] = \frac{W}{m^2}$$

Φ_e = Strahlungsfluss, der die strahlende Fläche verlässt

A = strahlende Fläche

Bestrahlungsstärke

$$E_e = \frac{d\Phi_e}{dA} \qquad [E_e] = \frac{W}{m^2}$$

Φ_e = Strahlungsfluss, der auf die bestrahlte Fläche trifft

A = bestrahlte Fläche

Bestrahlung

$$H_e = \int E_e(t)dt \qquad [H_e] = J/m^2$$

E_e = Bestrahlungsstärke

49

Visuelle Bewertung der Strahlung, lichttechnische Größen, Fotometrie

Lichtstrom

$$\Phi_v = K_m \int_{380\,\text{nm}}^{780\,\text{nm}} \Phi_{e,\lambda} V(\lambda)\,\mathrm{d}\lambda \qquad [\Phi_v] = \text{lm (Lumen)}$$

$\Phi_{e,\lambda}$ = Strahlungsfluss bei der Wellenlänge λ im Wellenlängenintervall $\mathrm{d}\lambda$, bezogen auf dieses Wellenlängenintervall: $\Phi_{e,\lambda} = \mathrm{d}\Phi_e / \mathrm{d}\lambda$

$V(\lambda)$ = spektraler Hellempfindlichkeitsgrad des menschlichen Auges gemäß der international vereinbarten Kurve

K_m = Maximalwert des fotometrischen Strahlungsäquivalents; K_m = 683 lm/W

Hellempfindlichkeit

Kurven des spektralen Hellempfindlichkeitsgrads des menschlichen Auges (Zahlenwerte findet man in DIN 5031 Teil 3):

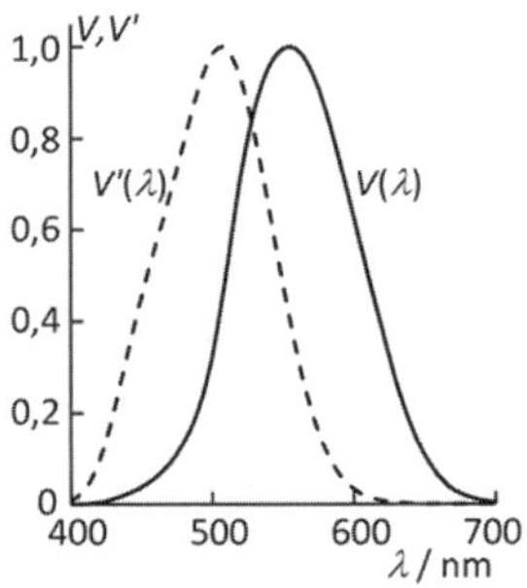

$V(\lambda)$ wenn Auge hell adaptiert

$V'(\lambda)$ wenn Auge auf Dämmerungssehen eingestellt

Vergleich der visuellen mit den energetischen Größen

Lichtstärke (Candela, cd)	I_v	Strahlstärke	I_e
Leuchtdichte (cd/m²)	L_v	Strahldichte	L_e
Lichtstrom (Lumen, lm)	Φ_v	Strahlungsfluss	Φ_e
Lichtmenge (lm s)	Q_v	Strahlungsenergie	Q_e
Spezifische Lichtausstrahlung (lm/m²)	M_v	Spezifische Ausstrahlung	M_e
Beleuchtungsstärke (Lux, lx = lm/m²)	E_v	Bestrahlungsstärke	E_e
Belichtung (lx s)	H_v	Bestrahlung	H_e

v Index für die visuelle Bewertung des Lichtes (physiologische, fotometrische, lichttechnische Größen)

e Index für energiebezogene Größen, die objektiv messbar sind (strahlungsphysikalische, radiometrische Größen

50 Zusammenhang zwischen Temperatur und Strahlung

Planck'sches Strahlungsgesetz

(streng gültig für schwarzen Lambert-Strahler in den Halbraum)

$$M_{e,\lambda} = \frac{dM_e}{d\lambda} = \frac{2\pi hc^2}{\lambda^5} \frac{1}{e^{hc/(\lambda kT)} - 1}$$

$M_{e,\lambda}$ = spezifische Ausstrahlung bei der Wellenlänge λ im Wellenlängenintervall $d\lambda$, bezogen auf dieses Wellenlängenintervall; $[M_{e,\lambda}] = W/(m^2 \cdot nm)$

2 = Faktor gilt für unpolarisierte Strahlung; bei polarisierter Strahlung ist er durch 1 zu ersetzen.

h = Planck'sches Wirkungsquantum

c = Vakuum-Lichtgeschwindigkeit

λ = Wellenlänge

k = Boltzmann-Konstante

T = absolute Temperatur

Aus dem Planck'schen Strahlungsgesetz können gefolgert werden: das Wien'sche Verschiebungsgesetz und das Stefan-Boltzmann'sche Strahlungsgesetz.

Wien'sches Verschiebungsgesetz

$$\lambda_{max} T = \text{const} = 2898\,\mu m \cdot K$$

λ_{max} = Wellenlänge, bei der die spezifische Ausstrahlung des schwarzen Körpers maximal ist

T = absolute Temperatur des schwarzen Körpers

Stefan-Boltzmann'sches Gesetz

$$M_e = \sigma T^4$$

M_e = gesamte (über alle Wellenlängen integrierte) spezifische Ausstrahlung des schwarzen Körpers

T = absolute Temperatur des schwarzen Körpers

σ = Konstante des Stefan-Boltzmann'schen Gesetzes;

$$\sigma = \frac{2\pi^5 k^4}{15c^2h^3} = 5{,}670 \cdot 10^{-8}\ \frac{\mathrm{W}}{\mathrm{m}^2 \cdot \mathrm{K}^4}$$

k = Boltzmann-Konstante

c = Vakuum-Lichtgeschwindigkeit

h = Planck'sches Wirkungsquantum

Struktur der Materie

51 Welle-Teilchen-Dualismus

Planck'sche Beziehung

$$E_{ph} = hf$$

E_{ph} = Energie eines Photons (Lichtquant, Teilchen mit der Ruhmasse $m_0 = 0$)
f = Frequenz des Lichtes
h = Planck'sches Wirkungsquantum

Die Planck'sche Beziehung verknüpft die Energie eines Photons (Teilcheneigenschaft) mit seiner Frequenz (Welleneigenschaft)

De-Broglie-Beziehung

$$p_{ph} = \frac{h}{\lambda}$$

p_{ph} = Impuls eines Photons
λ = Wellenlänge
h = Planck'sches Wirkungsquantum

Diese Beziehung für den Impuls p_{ph} eines Photons gilt auch für alle Teilchen (im Prinzip für alle Körper) mit endlicher Ruhmasse $m_0 > 0$ und dem Impuls p. Sie besitzen die Materiewellenlänge

$$\lambda = \frac{h}{p}$$

Einstein'sche lichtelektrische Gleichung

$$hf = \frac{m_e}{2} v^2 + W_A$$

h = Planck'sches Wirkungsquantum
f = Frequenz des Lichtes
m_e = Elektronenmasse
v = Elektronengeschwindigkeit
W_A = Austrittsarbeit des Elektrons

Durch das Lichtquant hf wird ein Elektron aus einem Metall befreit. Es hat danach die kinetische Energie $\frac{m_e}{2} v^2$. Voraussetzung: $hf > W_A$

Compton-Effekt

$$\Delta\lambda = \lambda' - \lambda = \lambda_C (1 - \cos\vartheta)$$

λ = Wellenlänge der Röntgenstrahlung vor dem Stoß
λ' = Wellenlänge der Röntgenstrahlung nach dem Stoß
ϑ = Streuwinkel des Röntgenquants
λ_C = Compton-Wellenlänge, universelle Naturkonstante;

$$\lambda_C = \frac{h}{m_e c} = 2{,}426 \cdot 10^{-12}\ \text{m}$$

m_e = Elektronenmasse
φ = Streuwinkel des Elektrons
c = Lichtgeschwindigkeit
h = Planck'sches Wirkungsquantum
v = Geschwindigkeit des Elektrons nach dem Stoß
p = Impuls

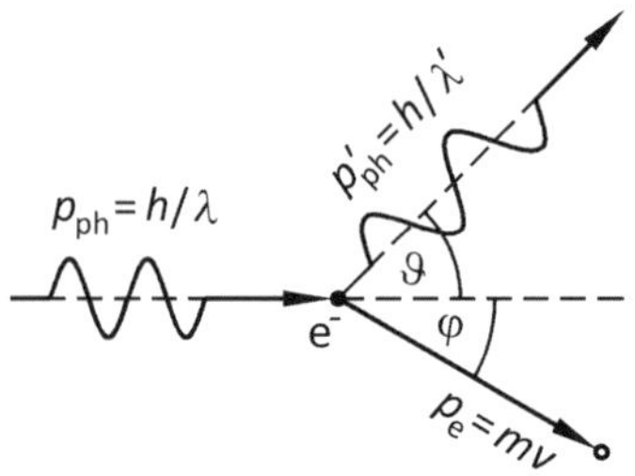

Beim Stoß eines Röntgenquants auf ein ruhendes, freies bzw. schwach gebundenes Elektron wird das Röntgenquant um den Winkel ϑ gestreut, wobei sich seine Wellenlänge um $\Delta\lambda$ ändert. Beim Compton-Effekt gelten Energie- und Impulserhaltungssatz.

Heisenberg'sche Unbestimmtheitsrelation

$$\Delta x \, \Delta p_x \geq \frac{\hbar}{2} \quad \hbar = \frac{h}{2\pi}$$

Δx = Unbestimmtheit des Ortes

Δp_x = Unbestimmtheit des Impulses eines Mikroteilchens in x-Richtung

h = Planck'sches Wirkungsquantum

Ort x und Impuls p_x eines Mikroteilchens lassen sich grundsätzlich nicht gleichzeitig exakt bestimmen. Je genauer der Ort, desto ungenauer ist der Impuls bestimmbar – und umgekehrt.

52 Atomhülle

Energie der Lichtquanten

$$E_{\mathrm{ph}} = hf = E_{n_2} - E_{n_1}$$

h = Planck'sches Wirkungsquantum

f = Frequenz des emittierten bzw. absorbierten Lichtes

E_{n_1} = Energie eines Elektrons im Zustand 1

E_{n_2} = Energie eines Elektrons im Zustand 2

Den diskreten Elektronenbahnen (nach Bohr) entsprechen diskrete Energieniveaus E_n. Beim Übergang eines Elektrons von einer Bahn zu einer anderen wird ein Lichtquant der Frequenz f emittiert oder absorbiert.

Bohr'sche Elektronenbahnradien in Atomen bzw. Ionen mit einem Elektron (H, He^+, Li^{2+} ...)

$$r_n = \frac{\varepsilon_0 h^2}{\pi m_e e^2 Z} \cdot n^2$$

Bohr'scher Radius (engste Bahn im H-Atom):

$$r_{\mathrm{B}} = \frac{\varepsilon_0 h^2}{\pi m_e e^2} = 5{,}29 \cdot 10^{-11}\ \mathrm{m}$$

Energieterme

$$E_n = -\frac{RhZ^2}{n^2}$$

Grundzustand des H-Atoms:

$$E_1(\mathrm{H}) = -\frac{m_\mathrm{e}e^4}{8\varepsilon_0^2 h^2} = -13{,}6\ \mathrm{eV}$$

Rydberg-Frequenz

$$R = \frac{m_\mathrm{e}e^4}{8\varepsilon_0^2 h^3} = 3{,}29 \cdot 10^{15}\ \mathrm{Hz}$$

ε_0 = elektrische Feldkonstante
h = Planck'sches Wirkungsquantum
m_e = Elektronenmasse (Ruhmasse)
e = Elementarladung
Z = Kernladungszahl
n = Hauptquantenzahl; $n = 1, 2, 3 \ldots$

Bohr'sches Magneton

$$\mu_\mathrm{B} = \frac{e}{2m_\mathrm{e}}\hbar = 9{,}274 \cdot 10^{-24}\ \mathrm{A} \cdot \mathrm{m}^2$$

e = Elementarladung
m_e = Elektronenmasse
$\hbar$ = Drehimpuls eines umlaufenden Elektrons; $\hbar = h/2\pi$
h = Planck'sches Wirkungsquantum
μ_B = magnetisches Moment eines umlaufenden Elektrons; ein umlaufendes Elektron stellt einen Kreisstrom dar; es strahlt dabei keine Energie ab (Bohr'sches Postulat).

Besetzungsfolge im Periodensystem

1 s, 2 s, 2 p, 3 s, 3 p, 4 s, 3 d, 4 p, 5 s, 4 d, 5 p, 6 s, erstes 5 d-Elektron, 4 f, übrige 5 d-Elektronen, 6 p, 7 s, erstes 6 d-Elektron, 5 f

Die Zahl gibt jeweils die Hauptquantenzahl n an, der Buchstabe steht für die Bahndrehimpulsquantenzahl (s für $l = 0$, p für $l = 1$, d für $l = 2$, f für $l = 3$).

Die Besetzungsfolge ergibt sich daraus, dass der Zustand niedrigster Energie zuerst besetzt wird (Stabilitätsprinzip).

Moseley'sches Gesetz

$$f = R(Z - b_1)^2 \left(\frac{1}{n_1^2} - \frac{1}{n_2^2} \right)$$

f = Frequenz der Röntgenstrahlung
Z = Kernladungszahl des Atoms
b_1 = eine Abschirmkonstante
n = Hauptquantenzahlen
R = Rydberg-Frequenz

Die Röntgenstrahlung entsteht durch Übergänge von Elektronen in tieferliegende Niveaus, die normalerweise voll besetzt sind. Deshalb müssen dort zuvor Elektronen entfernt werden, z. B. durch Stöße energiereicher Elektronen, die von außen kommen.

53 Quantenmechanik

Schrödinger-Gleichung

$$-\frac{\hbar}{\mathrm{i}}\frac{\partial \Psi}{\partial t} = -\frac{\hbar^2}{2m}\frac{\partial^2 \Psi}{\partial x^2} + E_\mathrm{p}\Psi$$

Dies ist die zeitabhängige Schrödinger-Gleichung. Daraus geht für stationäre Bahnen des Teilchens die zeitunabhängige Schrödinger-Gleichung hervor:

$$\frac{\mathrm{d}^2\psi_x}{\mathrm{d}x^2} = -\frac{2m}{\hbar^2}\left[E - E_\mathrm{p}(x)\right]\psi_x$$

$\hbar$ = Konstante; $\hbar = \frac{h}{2\pi}$

h = Planck'sches Wirkungsquantum

i = imaginäre Einheit; $\mathrm{i}^2 = -1$

Ψ = Wellenfunktion; $\Psi = \Psi(x,t)$

ψ_x = Wellenfunktion, die nur von x abhängt; $\psi_x = \psi(x)$

m = Teilchenmasse

x = Ortskoordinate des Teilchens

E = Gesamtenergie des Teilchens

E_p = potenzielle Energie des Teilchens

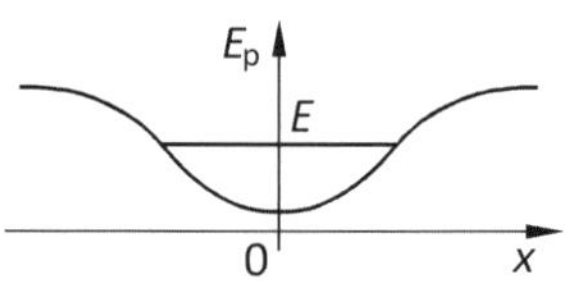

Normierungsbedingung:

$$\int_{-\infty}^{+\infty} \psi^2(x)\mathrm{d}x = 1$$

Die Wellenfunktion $\psi(x)$ ist – wie auch die Wellenfunktion $\Psi(x,t)$ – keine messbare physikalische Größe, aber ihr Quadrat ist ein Maß für die Wahrscheinlichkeit dw, das Teilchen am Ort x im Bereich dx anzutreffen. Es gilt

$$\mathrm{d}w = \psi^2(x)\mathrm{d}x$$

Die Wahrscheinlichkeit für den Aufenthalt des Teilchens im ganzen verfügbaren Raum ist mit 1 festgelegt.

Kastenpotenzial:

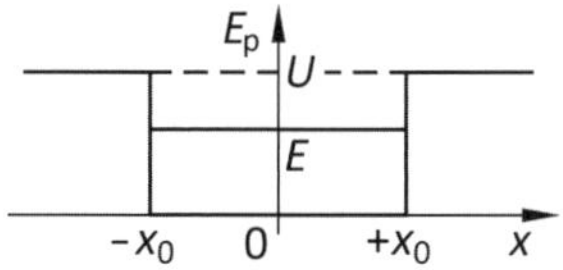

$$E_p(x) = 0 \quad -x_0 < x < x_0$$
$$E_p(x) = U \quad x \le -x_0;\; x \ge x_0$$

Eigenwertgleichungen für die Energie von Teilchen im Kastenpotenzial:

$$\tan\varphi = \sqrt{\left(\frac{a}{\varphi}\right)^2 - 1} \quad \text{(symmetrisch)},$$

$$-\cot\varphi = \sqrt{\left(\frac{a}{\varphi}\right)^2 - 1} \quad \text{(antisymmetrisch)}$$

$$\text{mit}\,\varphi = \frac{\sqrt{2mE}}{\hbar}x_0 \quad \text{und} \quad a = \frac{\sqrt{2mU}}{\hbar}x_0$$

Die Lösungen der Eigenwertgleichungen lassen sich am einfachsten grafisch auffinden.

$$\text{Anzahl der Eigenwerte } N = \text{int}\frac{2a}{\pi} + 1$$

N = endliche Anzahl von Eigenwerten φ_n

Diese Gleichungen für das Kastenpotenzial können als grobe Näherung für wirklich auftretende Potenzialverläufe verwendet werden.

54 Atomkern

Massenzahl und Nukleonenzahl

$$A = Z + N$$

A = Massenzahl

Z = Kernladungszahl (Protonenzahl)

N = Neutronenzahl

Protonen und Neutronen werden als Nukleonen bezeichnet. Die Masse eines Protons unterscheidet sich nur wenig von der eines Neutrons.

Kernradius

$$r_K = r_0 \sqrt[3]{A}$$

A = Massenzahl

r_0 = Nukleonenradius; $r_0 = 1{,}2 \cdot 10^{-15}$ m

Schreibweise für Nuklide (Atomarten)

$$^{A}_{Z}\mathrm{X}$$

X = Bezeichnung des Elements

A = Massenzahl

Z = Kernladungszahl

Atommasse

$$m_A = m_K + Zm_e$$

m_A = Atommasse
m_K = Kernmasse
m_e = Elektronenmasse
Z = Anzahl der Elektronen (Kernladungszahl)

Atommassenkonstante, atomare Masseneinheit

$$\mathrm{u} = m_u = \frac{1}{12} m_A \left({}^{12}_{6}\mathrm{C}\right) = 1{,}660\,539 \cdot 10^{-27}\ \mathrm{kg}$$

$m_A\left({}^{12}_{6}\mathrm{C}\right)$ Ruhmasse eines Atoms des Nuklids $\left({}^{12}_{6}\mathrm{C}\right)$

Relative Atommasse

$$A_r = \frac{m_A}{\mathrm{u}} \qquad \text{umgekehrt: } m_A = A_r \cdot \mathrm{u}$$

A_r = relative Atommasse (steht im Periodensystem)
m_A = absolute Masse des betreffenden Atoms (Ruhemasse)
m_u, u = Atommassenkonstante, atomare Masseneinheit

Massendefekt

$$\Delta m = Zm_p + Nm_n - m_K > 0$$

m_p = Ruhemasse eines Protons
m_n = Ruhemasse eines Neutrons
m_K = Ruhemasse des Kerns
Z = Kernladungszahl (Protonenzahl)
N = Neutronenzahl
Δm = Massendefekt; Differenz zwischen der Gesamtruhemasse der einzelnen Nukleonen und der Ruhemassse des von ihnen gebildeten Kerns; Δm ist stets positiv.

Die Masse des Kerns ist um den Massendefekt Δm kleiner als die Summe der Massen seiner einzelnen Nukleonen.

Bindungsenergie

(gemäß Einstein'scher Masse-Energie-Äquivalenz)

$$E_B = -\Delta mc^2$$

E_B = Bindungsenergie
Δm = Massendefekt
c = Lichtgeschwindigkeit im Vakuum

Die Energie des Kerns liegt um die Bindungsenergie E_B tiefer als die Summe der Energien der einzelnen Nukleonen. Der Energiebetrag E_B muss dem Kern zugeführt werden, um ihn in seine Nukleonen zu zerlegen.

Aktivität beim radioaktiven Zerfall

$$A = -\frac{dN}{dt} = \lambda N \qquad [A] = s^{-1} = Bq \qquad \text{(Becquerel)}$$

N = Anzahl der vorhandenen Kerne zur Zeit t
dN = Änderung der Anzahl der Kerne im Zeitelement dt ($dN < 0$, Zerfall von Kernen)
λ = Zerfallskonstante, $[\lambda] = s^{-1}$

Umwandlungsgesetz, Zerfallsgesetz

$$N = N_0 e^{-\lambda t}$$

$$T_{1/2} = \frac{\ln 2}{\lambda}$$

N_0 = Anzahl der Kerne zur Zeit $t = 0$
N = Anzahl der vorhandenen Kerne zur Zeit t
λ = Zerfallskonstante
$T_{1/2}$ = Halbwertszeit

Kernreaktionen

Reaktionsgleichung

$$^{A_1}_{Z_1}\mathrm{X}(\varepsilon,\nu)\,^{A_2}_{Z_2}\mathrm{X}$$

ε = Teilchen, die in den Kern eindringen
ν = Teilchen, die den Kern verlassen
X = Bezeichnung des Elements
A_1 = Massenzahl vor der Reaktion
Z_1 = Kernladungszahl vor der Reaktion
A_2 = Massenzahl nach der Reaktion
Z_2 = Kernladungszahl nach der Reaktion

Reaktionsenergie

$$E = -\Delta m_0 c^2$$

Δm_0 = Ruhemassenänderung der Teilchen; $\Delta m_0 = \Sigma\Delta m_{02} - \Sigma m_{01}$
m_{01} = Ruhemassen der beteiligten Teilchen vor der Reaktion
m_{02} = Ruhemassen der beteiligten Teilchen nach der Reaktion

Exotherme Reaktion (Energie wird frei): $\Delta m_0 < 0$; $E > 0$ Endotherme Reaktion (Energie muss zugeführt werden): $\Delta m_0 > 0$; $E < 0$.

55 Dosimetrie

Energiedosis

$$D = \frac{\Delta E}{\Delta m} \qquad \Delta m = \varrho \Delta V \qquad [D] = \frac{\text{J}}{\text{kg}} = \text{Gy} \qquad \text{(Gray)}$$

ΔE = Energie, die durch ionisierende Strahlungen auf das Material im Volumenelement ΔV übertragen wird

Δm = Masse des Materials im Volumenelement ΔV

ϱ = Dichte des Materials in ΔV

Energiedosisleistung

$$\dot{D} = \frac{\mathrm{d}D}{\mathrm{d}t} \qquad [\dot{D}] = \frac{\text{Gy}}{\text{h}}$$

Die Energiedosis ΔE ist die Differenz aus den Summen der Energien aller Teilchen und Quanten des Strahlungsfeldes, die in ΔV eingetreten sind, und denen, die ΔV wieder verlassen haben, abzüglich des Energieäquivalents einer Ruhmassenzunahme, die durch Wechselwirkung in ΔV bewirkt wird.

Äquivalentdosis

zur Charakterisierung der biologischen Wirkung ionisierender Strahlung

$$H = Q_{\text{R}} D \qquad [H] = \text{Sv} \qquad \text{(Sievert)}$$

Q_{R} = Qualitätsfaktor; Zahlenfaktor, der von der Strahlungsart (R) abhängt, dessen Werte durch Erfahrung und Übereinkunft festgelegt sind. Anhaltswerte:

für Photonen, Elektronen, Positronen $Q = 1$

für Neutronen, Protonen und einfach geladene Teilchen mit Ruhmasse größer als die Atommassenkonstante $Q = 10$

für α-Teilchen und mehrfach geladene Teilchen $Q = 20$

Grenzwerte der Äquivalentdosis sind für verschiedene Personengruppen und für verschiedene Bereiche der Umwelt gesetzlich festgelegt.

Die gesamte Strahlenbelastung des Menschen (natürlicher und zivilisatorischer Anteil) ist derzeit im Mittel ca. 3 mSv pro Jahr. Energiedosis und Äquivalentdosis können für die Personendosimetrie, für die klinische Dosimetrie und für die Umgebungsdosimetrie nicht direkt gemessen werden. Sie werden deshalb indirekt ermittelt. Hierfür gibt es verschiedene Dosimeter, in denen Strahlungsreaktionen unterschiedlicher Wirkung ausgenutzt werden.

Ionendosis

$$J = \frac{\Delta Q}{\Delta m} \qquad [J] = \frac{\mathrm{C}}{\mathrm{kg}}$$

ΔQ = elektrische Ladung der Ionen eines Vorzeichens, die durch Strahlung in Luft vom Volumen ΔV direkt oder indirekt erzeugt werden

Δm = Masse der Luft im Volumen ΔV

Ionendosis und die speziell in Luft gemessene Energiedosis sind gleichwertige Messgrößen für den gleichen physikalischen Sachverhalt;

es gilt:

$$D_{\mathrm{Luft}} = J \cdot \frac{W_{\mathrm{Luft}}}{e}$$

D_{Luft} = Energiedosis für Luft

J = Ionendosis

W_{Luft} = W-Wert für Luft; $W_{\mathrm{Luft}} = 34$ eV

W-Wert = mittlere Energie zur Erzeugung eines Ionenpaares in einem Gas durch ein geladenes Teilchen

e = Elementarladung

Index

A

B

H

I

K

L

M

N

O

P

Q

R

S

T